Prices are in Dutch guilders. One guilder = about 40 Amer. cents. $ 1 = about 2.50 guilders

---

All items are guaranteed perfect unless otherwise stated. The initials M. B. in several of the notes refer to Mulder Bosgoed, Bibliotheca ichthyologica et piscatoria. (See no. 44).

My american customers may send their orders through my New-York agents, Messrs TICE & LYNCH, 21 Pearl-street, Station „P", New-York-city, to whom I have regular shipments of enclosures and heavy consignments. The experience of my agents in importing foreign books enables them to do all custom-house-formalities without any trouble for my customers. It may be noted, that all foreign books can be imported free of duty, as well as English books, more than 20 years old at the date of importation. Libraries can import all books free of duty.

Payments can be made also through my agency.

ISBN 978-94-015-2270-0   ISBN 978-94-015-3514-4 (eBook)
DOI 10.1007/978-94-015-3514-4

Softcover reprint of the hardcover 1st edition

I. NATURAL HISTORY OF FISHES, MOLLUSCS, CRUSTACEAS

1. **Acta** societatis pro fauna et flora Fennica. Helsingfors, 1875—1921. T. I—L. 50 tom. 53 vol. Av. portr., cartes, pl. et ill. 8vo. br.   500.—
  Série complète, très rare.
2. **Agassiz, A.**, North American starfishes. Cambr. 1877. Av. 20 pl. lithogr. et 18 figg. 4to. br. (13.75)   6.—
3. **Agassiz, E. C.**, and **A.**, Seaside studies in natural history. Marine animals of Massachusetts Bay. Radiates. (2d ed.). Boston, (1871). Av. 186 figg. 8vo. toile.   4.—
4. **Album der Natuur.** Met wetenschapp. bijblad. Red. Hugo de Vries, e.a. Haarlem, 1852—1909. 58 vol. Av. tables des années 1852—94. Ens. 59 vol. Av. pl. 8vo. dont 33 vol. d. rel., le reste cart.   100.—
  Tout ce qui a paru.
6. **Androcles.** Maandschrift aan de belangen der dieren gewijd. Tiel, 's-Grav. 1869—91. T. I—XXIII. 22 vol. 8vo. dont. 20 cart., 2 en livr.   25.—
  Revue mensuelle populaire pour la protection des animaux.
  Contient e. a.: Geheugen bij visschen. — Het koken van kreeften, krabben en garnalen. — Over het dooden van visschen. — Het schoonmaken van visschen. — etc.
  Manquent titre et table de l'année II, 1870.
7. **Angas, G. Fr.**, Twelve new species of land and marine shells fr. Australia and the Solomon Islands. — **Id.**, Eight new species of Helicidae from the Western Pacific Islands. — London, 1869. 2 pièces. Av. 2 pl. 8vo. br. *Extr.*   1.50
8. **Animaux, Les.** Les invertébrés par L. Joubin. Les vertébrés par A. Robin. Paris, (v. 1920). Av. 29 pl., dont 11 en couleurs et 1110 ill. fol. d. veau.   10.50
  Pp. 67—84: Embranchements des mollusques. — Pp. 160—188: Classe des poissons. — etc.
9. **Annales histor.-naturales** Musei nationalis Hungarici. Red. Horváth Géza. Budapest, 1903—13. T. I—XI. 11 vol. Av. pl. en couleurs et en noir. gr. in-8vo. En livr.   100.—
  Contient des contributions en allemand, anglais, français, hongrois et latin.
10. **Annali** del Museo civico di storia naturale di Genova. Publ. p. G. Doria e R. Gestro. Genova, 1904—13. Série III, t. I—V. 5 vol. Av. ill. gr. in-8vo. br.   60.—
  Manque t. II.

11. **Anslyn Nz., N.**, Afbeeld. van Nederl. dieren. Leiden, 1838. 2 vol. Av. 172 pl. color., dont 94 de poissons. 8vo. d. veau.   12.—

12. **Arbeiten** der deutschen wissenschaftl. Kom'mission für die internat. Meeresforschung. B: Aus der biologischen Anstalt auf Helgoland. Oldenburg, 1908—10. Nos. 11—16. 6 vol. Av. cartes et pl. gr. in-4to. br. 7.50
Contient e. a.: **V. Franz**, Die Eiproduktion der Scholle. — **Id.**, Spezif. Gewicht der planktonischen Fischeier. — **Id.**, Die Ernährungsweise einiger Nordseefische. — **A. C. Reichard**, Hydrograph. Beobachtungen bei Helgoland, 1893—1908.
En partie des t. à p. de: Wissenschaftl. Meeresuntersuch., hrsg. v. d. Kommission z. Untersuch. der deutschen Meere in Kiel.

13. **Archives néerland.** de physiologie de l'homme et des animaux. Réd. par W. Einthoven, H. J. Hamburger, C. A. Pekelharing e. a. La Haye, 1916 —24. T. I—IX. 9 vol. Av. pl. et figg. 8vo. En livr.   135.—
Cette publication forme la série III C des Archives néerland. des sciences exactes et naturelles, réd. p. J. P. Lotsy.
Contient e. a.: **F. J. J. Buitendijk** et **J. Remmers**, Nouvelles recherches sur la formation d'habitudes chez les poissons. — **J. ten Cate**, Les mouvements spontanés rythmiques de l'intestin d'écrevisse. — etc.

14. **Aristoteles**, De animalibus. Francof., her. A. Wecheli, 1585. — **Id.**, De moribus. Par., A. Turnebus, 1554. — Ens. 2 vol. 4to. veau et vél.   15.—
Le premier ouvrage traite e. a. de la multiplication des poissons et de leurs oeufs.
Les pp. 403—406 de l'index du prem. ouvrage manquent, un coin des derniers ff. du second ouvrage restauré.

15. — — **Niphus, A.**, Expositiones in omnes Aristotelis libros de historia animalium, de partibus animalium et earum causis, ac de generatione animalium. Venet., H. Scotus, 1546. fol. veau.   15.—
L. II, Cap. 13: De genere piscium. — L. V, cap. 5: De coitu piscium. — L. VI, cap. 10: De piscium foetu. — etc.

16. **Arriëns Kappers, C. U.**, De banen en centra in de hersenen der teleostiers en selachiers. Amst. 1904. Av. 7 pl. 8vo. br.   2.—

17. **Baker, H.**, Het microscoop gemakkelyk gemaakt.... alsmede de ontdekkingen met de vergrootglazen. U. h. Eng. Amst. 1744. Av. pl. 8vo. d. veau.   3.50
Chap. XL: De schubben der visschen. — Chap. XLI: Oesters en derz. broedsel. — Chap. XLIII: Mosselen en derz. broedsel.

18. — — Même ouvrage. Même édition. — **Id.**, Nuttige gebruik v. h. mikroskoop. Met de natuurl. historie van de polypen. Amst. 1756. — 2 vol. Av. pl. et figg. 8vo. d. veau.   6.50
T. II, chap. XXIV: Van de karper-luis. — Chap. XXV: Van de luis van de stekelbaars.

19. — — Mêmes ouvrages. 3e dr., m. aanhangsel en 2e dr. Amst., Erven F. Houttuyn, 1778, 70. 2 vol. Av. pl. 8vo. d. rel.   7.50

20. **Bakker, G.** — **Icones** ad illustrandam G. Bakker piscium osteographiam. (Gron. 1823). Av. pl. 4to. br.   1.25

21. **Barrande, J.**, Trilobites. Prague, 1871. 8vo. d. rel. *Extr.*   4.—
Contient e. a.: Distribution verticale des trilobites, dans le bassin silurien de la Bohème. — Epreuve des théories paléontologiques par la réalité.— etc.

22. **Beebe, W.**, Galápagos world's end. London, 1924. Av. 24 pl. en couleurs et 83 cartes et ill. en noir hors texte. gr. in-8vo. toile, tête dor.   25.60
Fort volume, donnant la relation de l'expédition à l'archipel des îles Galápagos, une groupe d'îles dans l'Océan Pacifique, appartenant à l'Ecuador. La plupart des planches, e. a. les pl. en couleurs, représentent les animaux remarquables, e. a. les tortues gigantesques et de différ. p o i s s o n s.

23. **Bemmelen, J. F. v.,** Bouw der schelpen van brachiopoden en chitonen. Leiden, 1882. Av. 1 pl. 8vo. br.   1.50

24. **Beneden, E. v., et Ch. Julin,** La segmentation chez les ascidiens dans ses rapports avec l'organisation de la larve. — **Id.,** Les orifices branchiaux externes des ascidiens et la formation du cloaque chez phallusia scabroïdes. — Brux. 1884—88. 4 pièces. Av. pl. 8vo. br. *Extr.*   2.50

25. **Beneden, P. J. v.,** Développement des aplysies. — **Id.,** Nouveau poisson du terrain laekenien. — **Id.,** Découverte d'un homard fossile dans l'argile de Rupelmonde. — Brux. 1840—73. 5 pièces. 8vo. br. *Extr.*   2.50

26. **Benzon, R. v. Fischer,** Das relative Alter des Faxekalkes und die in dens. vorkomm. Anomuren und Brachyuren. Kiel, 1866. Av. 5 pl. 4to. br. 1.25
      Légèrement taché d'eau.

27. **Berkhey, J. Le Francq v.,** Natuurlijke historie van Holland. Amst., Yntema en Tieboel, 1769—79. Tom. I—III, IV, 1. 7 vol. Av. pl. color. 8vo. d. veau.   6.—

28. — — Natuurlyke historie voor kinderen. Leijden, F. de Does, 1781. 3 vol. Av. de nombr. pl. 8vo. cart.   3.50

29. **Beteiligung Deutschlands, Die,** an der internation. Meeresforschung. Jahresbericht, erstattet von W. Herwig. Berlin, 1905—08. Année I—V. En 3 vol. Av. cartes et pl. gr. in-8vo. br.   12.—

30. **Bevere, de,** Collection of original water-colour drawings, made about 1757 in Ceylon and the Indian Archipelago, mostly of birds, some of other animals and of flowers. Together 154 pieces. Size of the paper (except of the last pieces) 25 × 39 cM.   900.—
      Very important collection. The drawings are exquisitely done, very accurate and the colours are quite brilliant. They were made by a Mr. de Bevere, grandson of a dutch officer, who lived in Ceylon and the Dutch East Indies. There are 102 drawings of birds, a large number of them containing at the same time the representations of the leaves and fruits of the trees on which they live. There are also numerous remarks concerning the natural history of Ceylon and the Indian Archipelago, with 52 exquisite drawings of which 1 0 of f i s h e s and c r a b s, the rest of mammals, flowers, etc.

31. **Bibliotheca histor.-naturalis,** hrsg. von W. Engelmann. Verzeichniss der Bücher über Naturgeschichte, in Deutschland, Scandinavien, Holland, England, Frankreich, Italien u. Spanien in 1700—1846 erschienen. Lpz. 1846. T. I (seul paru). 8vo. d. veau.   .2.50
      Ce premier vol. contient la partie générale et zoölogique.

32. **Bingley, W.,** Useful knowledge; or, account of the various productions of nature, mineral, vegetable and animal. 6th ed. Enlarged by D. Cooper. London, 1842. 2 vol. Av. front. et 150 ill. 8vo. toile. (9.60)   3.—
      T. II, pp. 414—468: Fishes.

33. **Blainville, H. M. Ducrotay de,** Manuel de malacologie et de conchyliologie. Paris, 1825. 8vo. cart.   1.50
      L'atlas manque.

34. **BLEEKER, P.,** Atlas ichthyologique des Indes Orient. Néerland. Amst. 1862—78. Av. 420 planches color. fol. Relié. 500.—
      Ouvrage magnifique et unique dans son genre du fameux ichthyologue néerland. Les belles planches ont été dessinées et coloriées avec le plus grand soin.
      Tout ce qui a paru.

35. **BLEEKER, P.**, Collection of drawings, engravings and other
material gathered by the author while busy on the Atlas Ich-
thyologique and brought home with him in several tincases.
It consists of about 36000 pieces mostly of fishes, some rela-
ting to other animals like serpents, etc. Many years after his
death his widow sold this collection, which was bought by
an amateur, who had it bound very substantially in 66 large
vols. fol. h. mor.   1250.—
   Unique and very interesting collection.
36. — — 29 Ecrits. 1853—80. Av. qq. pl. 8vo et 4to. br. *T. à p.* 25.—
   Contient e. a.: Ichthyolog. fauna van Bengalen en Hindostan. 1853. —
   Faunae ichthyol. Japon. species novae. 1854. — Nouvelle espèce du genre
   nemacheilus. 1862. — Les noms de qq. genres de la famille des cyprinoïdes.
   1863. — Qq. espèces de poissons du Japon, du Cap de Bonne Espérance et de
   Suriname à Leide. 1863. — Deux espèces inédits de cobitoides. 1864. —
   Révision des espèces Indo-Archipel en groupe des apogonini. 1874. — etc.
37. — — Reis door de Minahassa en den Molukschen Archipel. Bat. 1856.
   2 tom. 1 vol. gr. in-8vo. d. rel. (12.—)   9.—
   T. I, pp. 10—11: Vliegende visschen, haai. — P. 200: Vischvangst bij
   Ternate. — T. II, p. 36: Visschen bij het eiland Boeroe. — P. 63: Vischfauna
   van Amboina. — P. 255: Zeesterren en tripangs en daarin levende visschen
   bij Neira. — etc.
38. **Boddaert, P.**, De gevlakte klipvisch. — **Id.**, De kraakbeenige schildpad.
   — **Id.**, De tweedoornige klipvisch. — etc. (Texte néerl.-latin). Amst.
   1768—72. 5 parties en 1 vol. Av. 7 pl. color. gr. in-4to. d. veau.   3.50
39. **Boletim** do Museu Paraense (Goeldi) de historia natural e ethnographia.
   Pará, Brazil, 1900—09. T. III—V. Av. cartes, plus. pl. et figg. 8vo. En
   livr.   20.—
   Traite de la zoologie, de la botanique et de l'ethnographie de l'Amérique
   du Sud.
40. **Bomare, V. de,** Algem. en beredenerent woordenboek d. natuurlijke
   historie. U. h. Fr. d. Ch. Papillon. Dordr. 1767—70. 3 vol. 4to. veau.10.—
41. **Bomme, L.**, Bericht en verder bericht aang. . . . . zee-insecten, gevonden
   op Walcheren. Midd. 1777. Av. 2 pl. 8vo. br. *Extr.*   1.50
42. **Bos, J. Ritzema,** Crustacea hedriophthalmata v. Nederland. Gron. 1874.
   Av. 2 pl. 8vo. br.   1.50
43. — — Leerboek der dierkunde. 8e dr. Gron. 1907. Av. 20 pl. en couleurs
   et 557 ill. 8vo. toile. (3.50)   2.50
44. **Bosgoed, D. Mulder,** Bibliotheca ichthyologica et piscatoria. Catalogus
   van boeken enz. over de visschen, de vischteelt, de visscherijen, de wet-
   geving op de visscherijen enz. Haarlem, 1874. 8vo. cart. (6.—)   3.60
45. **Bosquet, J.**, Cirripèdes récemment découverts dans le terrain crétacé du
   Duché de Limbourg. Haarlem, 1857. Av. 3. pl. — **Id.**, Deux nouv. bra-
   chiopodes fossiles. Amst. 1862. Av. 1 pl. — 2 pièces. 8vo. br. *Extr.* 1.50
46. **Brehm's** Tierleben. 3e Aufl. Lpz. 1890—93. 10 vol. Av. de nombr. pl. en
   couleurs et en noir. gr. in-8vo. En livr.   90.—
47. **Bridgewater treatises.** London, Pickering, 1834. 8 tom. 12 vol. gr. in-8vo.
   toile orig., n. r.   20.—
   Contient e. a.: **Roget,** Animal and vegetable physiology. (Chap. III:
   Mollusca. — Chap. VII: Fishes.) — **Kirby,** History, habits, and instincts
   of animals. (Chap. XXI: Fishes).

48. **Brookes, S.,** Anleit. zu dem Studium d. Conchylienkunde. A. d. Engl. verm. von C. G. Carus. Lpz. 1823. Av. 12 pl. color. et noires. 4to. cart. 20.—

49. **Brooks, W. K.,** and **F. H. Herrick,** The embryology and metamorphosis of the macroura. Cleveland, 1892. Av. 57 pl., dont plusieurs en couleurs. fol. br. 6.—

50. **Brugmans, S. J.,** De middelen door welke de visschen zich bewegen. Amst. 1812. Av. 1 pl. 4to. br. *Extr.* 1.—

51. **Brunnich, M. Th.,** Ichthyologia Massiliensis. Acc. spolia maris Adriatici. Hafniae, 1768. 8vo. br. 1.—

52. **Brusina, S.,** Contribuzione pella fauna dei molluschi Dalmati. Vienna, 1866. Av. 1 pl. 8vo. br. *Extr.* 1.25

53. **Buffon, De,** en **Daubenton,** Algem. en bijz. natuurlyke historie. Amst. 1773—1802. T. I—XVIII. 18 vol. Av. portrait et de nombr. pl. 4to. d. veau. 25.—

54. **Bulletin** of the Bureau of fisheries (of the U. S.). (Publ. by) G. M. Bowers. Wash. 1913. T. XXXI. 2 vol. Av. 274 cartes. gr. in-8vo. toile. 7.50
    I. Physical and zoological. By S. B. Summer, R. C. Osburn, a. o. — II. Botanical. By B. M. Davis. — III. Catalogue of the marine fauna. By F. B. Summer, R. C. Osburn, a. o. — IV. Idem of the marine flora. By B. M. Davis.

55. **Bulletin** de la Société belge de géologie, de paléonthologie et d'hydrologie. Brux. 1887—1922. T. I—XXXI. Av. tables des tom. I—XX. 32 vol. Av. pl. gr. in-8vo. 3 vol. d. veau, 9 br., le reste en livr. 325.—
    Une série complète est rare. La pl. 19 du t. XXIV n'existe pas.

56. **Burgersdijk, L. A. J.,** De dieren. Leiden, 1863—73. 3 vol. Av. 246 pl. color. gr. in-8vo. En livr. 10.—

57. **Burmeister, H.,** The organization of trilobites, deduced from their living affinities, with a systematic review of the species hitherto described. Ed. by Bell and E. Forbes. London, 1846. Av. 6 pl. fol. d. rel. (9.—) 5.—

58. **Büttikofer, J.,** Mededeelingen over Liberia. Resultaten van eene onderzoekingsreis, 1879—82. Amst. 1883. Av. carte. 4to. toile. 3.—
    Publication à part de la Soc. Néerland. de Géographie.
    Pp. 31—33: Visschen. — Pp. 34—37: Kreeftdieren.

59. —— Reisebilder aus Liberia. Resultate geograph., naturwissenschaftl. und ethnogr. Untersuch. während 1879—82 und 86—87. Leiden, 1890. 2 vol. Av. 5 cartes, 32 pl. en couleurs et en noir et 136 ill. gr. in-8vo. toile. (15.50) 10.—
    T. II, pp. 435—469: Reptilien und Amphibien, Fische, wirbellose Thiere.

60. **Canáls y Marti, J. P.,** Memórias sóbre la púrpura de los antiguos, restaurada en España; enque se trata de su hallazgo, antiguedad, progresos, estimacion etc. Madrid, 1779. Av. 1 pl. 4to. veau. 7.50
    Pp. 55—86: Apendice enque.... la historia natural de las conchas llamadas purpura, la bocina, el murice, etc.

61. **Cantraine, F.,** Un poisson nouveau trouvé dans le Canal de Messine. S. l. 1835. Av. 2 pl. 4to. br. *Extr.* 1.—

62. **Capita zoologica.** Verhandelingen op systematisch-zoologisch gebied. Onder red. van E. D. v. Oort. 's-Grav. 1921—23. T. I, II, 1—3. Av. 40 pl. et 68 figg. gr. in-4to. T. I toile, le reste en livr. 70.—
    Contient e. a.: **J. Roux,** Crustacés d'eau douce de l'Archipel Indo-Australien.

63. **Cappelle Jr., H. v.,** Het karakter van de Nederl.-Indische tertiaire fauna.
Sneek, 1885. 8vo. br.   2.—
64. **Carus, C. G.,** Neue Untersuch. über die Entwickelungsgeschichte unserer Flussmuschel. Lpz. 1832. Av. 4 pl. 4to. br. *T. à p.*   1.50
65. **Catalogue** du Cabinet d'histoire naturelle de Bomare de Valmont (minéraux, végétaux, animaux etc.). Paris, (1758). 8vo. br.   1.25
    P. 108—109: Poissons. La marge inférieure du titre est coupée.
66. **Catalogue** des espèces de plantes et d'animaux observées dans le plankton recueilli pendant les expéditions périodiques, août 1902—mai 1905. Publ. avec la coöpération de C. H. Ostenfeld. Copenh. 1906 gr. in-8vo.
    d. rel. *Interfolié de papier blanc.*   4.50
    Conseil perman. internat. pour l'explorat. de la mer. Publ. de circonst., 33.
67. **Catalogus** der Bibliotheek der Nederl. Dierk. Vereen. 4e uitg. M. le Vervolg. Helder, 1897, 1904. 2 pièces. 8vo. br.   1.—
    Pp. 60—70: Mollusca. — Pp. 78—84: Pisces.
68. — — Même ouvrage. 5e uitg. Helder, 1907. 8vo. br.   1.50
69. **Catalogus** v. d. Moluksche schelpenverzameling van Isaacson. S. l. ni d. 8vo. br.   1.—
70. **Charleton, G.,** Onomasticon zoicon, plerorumque animalium different. et nomina propria pluribus linguis exponens. Cui acc. mantissa anatomica; et quaedam de variis fossilium generibus. Londini, 1668. Av. pl. 4to. vél.   10.—
71. **Chenu, J. C.,** Leçons élément. d'histoire naturelle, compr. un aperçu sur toute la zoologie et un traité de conchyliologie. Paris, 1847. Av. 12 pl. color. et figg. gr. in-8vo. br. (7.50)   3.25
72. **Chun, C.,** Aus den Tiefen des Weltmeeres. Schilderungen von der Deutschen Tiefseè-Expedition. 2e umgearb. und verm. Aufl. Jena, 1903. Av. 3 cartes, 46 pl. et 482 ill. gr. in-8vo. toile.   22.—
73. **Clark, H. L.,** The apodous holothurians. Monogr. of the synaptidae and molpadiidae. Wash. 1907. Av. 13 pl., dont 3 color. fol. br.   6.—
    Smithson. contrib., part of vol. 35.
74. **Clark, A. Hobart,** Monograph of the existing crinoids. I. The comatulids. Wash. 1915. Av. 17 pl. et 513 figg. gr. in-4to. br.   6.—
    Smithson. Instit. Bull. 82.
75. **Claus, C.,** Bau und Entwickelung parasitischer Crustaceen. Cassel, 1858. Av. 2 pl. 4to. br.   1.25
76. — — Lernaeocera, Peniculus und Lernaea. Lpz. 1868. Av. 4 pl. de figg. 4to. br. *T. à p.*   1.25
77. — — Grundzüge der Zoologie. 3e Aufl. Lpz. 1876. gr. in-8vo. d. veau. 3.—
78. **Congrès internat. de zoologie.** 3e session. Leyde, 16—21 sept. 1895. Compte-rendu. Leyde, 1896. Av. 4 pl., dont 2 color., et figg. gr. in-8vo. br.   7.50
    Contient e. a.: **L. Vaillant,** Sur la structure histologique des rayons osseux chez la carpe. — etc.
79. **Conseil permanent international** pour l'exploration de la mer. Publications de circonstance. Copenhague, 1907—12. Nos. 39, 43—46, 49—53, 56—63. En 17 fasc. Av. pl. 8vo. br.   20.—
80. **Cossmann, M.,** Pélécypodes du Montien de Belgique. Brux. 1908. Av. 8 pl. 4to. br. *T. à p.*   4.—

81. **Crabes.** — 23 **Ecrits** p. M. J. Rathbun, E. A. Andrews e. a. Wash. 1907
    — 17. Av. pl. et ill. 4to et 8vo. br.   12.—
    > T. à p. de Smithson. Instit. et U. S. Nat. Museum.
    > *Contient e. a.*: **M. J. Rathbun,** The grapsoid crabs of America (461 pp.).
    > Av. 161 pl. et 172 figg.

82. **Croissière océanographique** (du duc d'Orléans) à bord de la Belgica
    dans la mer du Grönland, 1905. Hydrographie, océanographie, biolo-
    gie. Journal des stations. Brux. 1909. 2 vol. Av. cartes. 4to. br.   17.50
    > Traite surtout de la pêche du plankton.

83. **Cronise, T. F.,** The natural wealth of California, compr. early history,
    geography, ... climate, geology, zoology, and botany, mineral-
    ogy, ... commerce, immigration etc. San Francisco, 1868. Fort vol.
    gr. in-8vo. veau, dor. s. tr.   12.50
    > Pp. 487—502: Fishes, mollusca, crustacea.

84. **Crustacés.** — 59 **Ecrits** p. Ch. B. Wilson, W. Stimpson, H. A. Pilsbry,
    M. J. Rathbun. Wash. 1902—20. Av. pl. et ill. 8vo. br.   30.—
    > T. à p. de Smithson. Instit. et U. S. Nat. Museum.
    > *Contient e. a.*: **W. Stimpson,** Report on the crustacea collected by the
    > North Pacific exploring expedition, 1853—56. (240 pp.). Av. 26 pl.

85. **Cuvier, G. L. C. F. D.,** Le règne animal. Brux. 1836. 3 vol. Av. pl. 8vo.
    d. veau.   3.50
    > Pp. 434—610: Poissons.

86. **Defrecheux, J.,** Vocabulaire de noms wallons d'animaux. Av. leurs
    équivalents latins, français et flamands. Liège, (1890). 8vo. br.   1.50

87. **Delsman, H. C.,** The ancestry of vertebrates as a means of understand-
    ing the principal features of their structure and development. Amersf.
    1922. Av. pl. et ill. 8vo. toile.   5.—

88. **(Dézaillier d'Argenville, A. J.),** La conchyliologie, qui traite des co-
    quillages de mer, de rivière et de terre.... augm. de la zoomorphose.
    Nouv. éd. Paris, 1757. 2 tom. 1 vol. Av. front. p. Boucher et 40 pl. gr.
    in-4to. veau.   7.50

89. **Dictionnaire universel** d'histoire naturelle. Dir. p. C. d'Orbigny. Paris,
    1861. 13 vol. Av. atlas de 288 pl. color. 3 vol. Ens. 16 vol. gr. in-8vo. d.
    veau. *Bel ex.*   25.—

90. **Dieren-Atlas.** N. h. Duitsch bew. d. H. J. Calkoen en P. G. Buekers.
    Leiden, 1903—12. 4 vol. Av. 124 pl. en coul. et ill. gr. in-8vo. toile. 15.70
    > I. Zoogdieren. — II. Vogels. — III. Visschen. — IV. Vlinders.
    > I, pp. 67—71: Walvischachtigen.

91. **Dorsman Cz., L.,** Langs strand en dijken. Amst. 1913. Av. figg. 8vo.
    br.   2.50
    > Pp. 123—195: Visschen.

92. — — De schelpen van ons strand en hoe ze te herkennen. 2e verb. en
    verm. dr. Amst. 1919. Av. 1 pl. et figg. 8vo. toile.   2.90

93. **Dumortier, B. C.,** Les évolutions de l'embryon dans les mollusques
    gastéropodes. S. l. 1835. Av. 4 pl. 4to. br. *Extr.*   1.75

94. **DYALOGUS CREATURARUM** moralisatus jucundis fabulis plenus. Goudae, Gerardus Leeu, 1482. Av. 124 grav. s. bois. pet. in-fol. cuir de Russie, à dent.   750.—

Hain (sans l'avoir vu), no. 6127. Campell, no. 562. Proctor, no. 8929. Un des plus anciens ouvrages illustrés se rapportant aux sciences naturelles (le premier livre illustré paru chez le célèbre Gerard Leeu). D'une extrême rareté.

Parmi les gravures on trouve e.a. les premières représentations de pierres précieuses et bagues, de la pêcherie, de l'oisellerie et de l'apiculture, etc. A la fin la marque de l'imprimeur.

Ex. absolument non colorié. 3 ff. sont en excellent facs., les 2 ff. blancs ne s'y trouvent pas. Quelques ff. raccommodés et av. dessins et annot. dans les marges.

95. **Encyclopaedie van Nederl.-Indië.** 2e dr. onder red. van J. Paulus, S. de Graaff en D. G. Stibbe. 's-Grav. 1916—21. 4 vol. gr. in-8vo. toile. (125.—)   75.—

Parmi les nombreux poissons décrits dans cet ouvrage important sur les Indes Néerland. Orient. nous citons: Aal. — Draadvisschen. — Haring. — Klipvisschen. — Makreelachtigen. — Neusvisschen. — Roofzalmen. — etc.

Des suppléments sont publiés régulièrement au prix de 1.20 chacun. Jusqu'ici 9 suppléments ont paru.

96. **Encyclopaedie van Nederl. West-Indië.** Onder red. van H. D. Benjamins en J. F. Snelleman. 's-Grav. 1916. Av. 3 cartes en couleurs. gr. in-8vo. toile.   33.—

Contient de nombreux articles ichthyologiques, traitant e. a. du: Cynoscion. — Mollusca. — Mycteroperca-soorten. — Myrichthys oculatus. — Negervisch. — etc.

97. **Erdl, M. P.,** Entwicklung des Hummereies. München, 1843. Av. 4. pl. color. 4to. br.   1.75

98. **Ergebnisse** einer zoolog. Forschungsreise in den südöstl. Molukken (Aru- und Kei-Inseln) ausgeführt von H. Merton. Frankf. a. M. 1910—18. 9 fasc. Av. cartes, pl. et ill. gr. in-4to. br. (112.50)   75.—

Abhandl. der Senckenberg. Naturforsch. Gesellsch., XXXIII—XXXV, 1—2.

Contient e. a.: **M. Weber,** Die Fische der Arei- und Kei-inseln.

99. **FAUNA UND FLORA DES GOLFES VON NEAPEL** und der angrenzenden Meeres-Abschnitte. Hrsg. von der Zool. Station zu Neapel. Lpz. 1880—1917. Monographie I—XXXIV. Av. de nombr. pl. en couleurs. gr. in-4to. dont I—XXIV en 17 vol. d. veau, le reste br.   1200.—

En partie épuisé.

100. **Fermin, Ph.,** Histoire naturelle de la Hollande equinoxiale ou description des animaux, plantes, fruits et autres curiosités naturelles dans le Surinam, avec leurs noms différents, tant françois, que latins, hollandois, indiens et nègre-anglois. Amst. 1765. Av. front. et grav. sur le titre. 8vo. br.   9.—

Partie: II: Des oiseaux, poissons et testacées.

101. — — Nieuwe beschrijving van Suriname, behelz. al het merkwaardige van dezelve met betrekking tot historie, aardrijks- en natuurkunde. Harl. 1770. 2 vol. Av. carte et 3 pl. 8vo. br.   10.—

T. II, chap. XXII: Beschrijving der visschen.
Edition réfondue de l'ouvrage précédent.

Mart. Nijhoff, à La Haye. — Cat. No. 511

102. **Figuier, L.,** Les poissons, les reptiles et les oiseaux. 2e éd. Paris, 1869. Av. 24 pl. et 400 ill. gr. in-8vo. d. veau. 2.—

103. **Finsch, O.,** Wirbelthiere (aus West-Sibirien). (Berlin, 1877). 8vo. br. *Extr.* 1.25
     Pp. 170—180: Fische.

104. **Flament, A.** — **Collection** très intéressante de plusieurs suites d'eaux-fortes exécutées et inventées par le célèbre graveur Albert Flament, et publ. à Paris, 1648—69. Ens. 275 pièces collées sur papier fort, dans un album. gr. in-fol. dos et coins mar. 175.—
     VI. Icones piscium tum maris tum amnium. Figvres de plusiers sortes de poissons. 1664. — Poissons de mer. 3 séries complètes de 12 estampes chaque, av. légendes en latin et en franç. — Poissons d'eau-douce. 2 séries complètes de 12 estampes av. légendes en latin et franç. — Ens. 60 pl. Nos. 415—74.
     Les séries de poissons sont très rares.

105. **Flora** en fauna der Zuiderzee. Monografie van een brakwatergebied. Onder red. van H. C. Redeke en met medew. van P. N. van Kampen, H. F. Nierstrasz, A. C. Oudemans, J. F. Steenhuis, Max Weber. Helder, 1922. Av. 2 pl. et de nombr. figg. gr. in-8vo. br. 12.—

106. **Fock, L. C. E. E.,** Natuur- en geneeskundig etymolog. woordenboek .... (Natuurl. historie, plantenkunde, natuurkunde, etc.). Gor. 1855. gr. in-8vo. d. rel. (12.55) 3.—

107. **Franklin, J.,** La vie des animaux. Trad. de l'angl. p. A. Esquiros. Brux. (c. 1860). 8vo. br. 1.—

108. **Gaea.** Natur und Leben. Zeitschrift z. Verbreit. naturwissenschaftl. und geograph. Kenntnisse sowie der Fortschritte a. d. Gebiete der ges. Naturwissenschaften. Unter Mitwirk. von R. Avé-Lallemant, E. v. Bibra u. A. Lpz. 1875—97. Année XI—XXXII. 23 vol. Av. pl. et figg. gr. in-8vo. dont 18 vol. toile, le reste br. 50.—

109. **Giffen, A. E. v.,** Die Fauna der Wurten. I. Leiden, 1913. Av. 10 pl. 8vo. br. 1.75
     Pp. 67—73: Pisces.

110. **Gilson, G.,** Exploration de la mer sur les côtes de Belgique. 1re série: Recherches sur le milieu marin et ses variations au voisinage de la côte belge. Brux. 1907. Av. 3 diagr. 4to. br. *T. à p.* 2.50
     § 10: Plankton.

111. **Girty, G. H.,** The Guadalupian fauna. Wash. 1908. Av. 31 pl. gr. in-4to. br. 12.—
     U. S. Geolog. survey. Profess. paper, no. 58.
     Pp. 112—399: Molluscoidea. — Pp. 399—503: Mollusca. — Pp. 503—505: Crustacea.

112. **Gordon, S.,** Wanderings of a naturalist. London, 1921. Av. pl. 8vo. toile. 9.—
     Chap. 25: Salmon of the Linn of Dee. — Chap. 31: The spawning of the salmon. — etc.

113. **Goüan, H.,** Histoire des poissons, conten. la description anatomique de leurs parties externes et internes etc. (Texte français et latin). Strasb. 1770. Av. 4 pl. se dépliant. 4to. cart. (Légèr. taché). 3.50

114. **Grabau, A. W.,** Phylogeny of fusus and its allies. Wash. 1904. Av. 18 pl. 8vo. br. (Smithson. coll.). 3.50

115. **GRANDIDIER, A.**, Histoire physique, naturelle et politique de Madagascar. Paris, 1875—1924. T. 1, 4, 6, 9, 10, 12—23, 25, 27—30, 34—36, 39. Av. 1871 cartes et pl. en couleurs et noires. gr. in-4to. br.   1500.—
Contient e. a.: Poissons. 1 vol. Av. 63 pl. Complet. — Mollusques. 1 vol. de 27 pl. — etc.
Tout ce qui a paru jusqu'à présent.

116. **Grant, R. E.**, Outlines of comparative anatomy, designed as introd. to animal physiology, etc. Londón, (1841). Av. figg. 8vo. d. veau. (16.80)
3.—
Organs of support in vertebrated classes (fishes, etc.) — Muscular system of the vertebrated classes (fishes, etc.) — Sanguiferous system of the vertebrated classes (fishes, etc.).

117. **Gray, Maria Emma**, Figures of molluscous animals selected from various authors. London, 1874—57. 5 tom. 3 vol. Av. portrait, 417 pl. à l'eau-forte et figg. 8vo. toile.   25.—
Epuisé.

118. **Gronovius, L. Th.**, Museum ichthyologicum, sistens piscium indigenorum et quorundam exoticorum qui in Museo L. Th. Gronovii adservantur, descriptiones. L. B., Th. Haak, 1754. Av. 4 pl. fol. veau. 12.50

119. **Guichenot**, Faune ichthyologique de l'île de la Réunion. Paris, 1863. 8vo. br. *T. à p.*   1.—

120. **Guide zoölogique.** Communicat. diverses sur les Pays-Bas. Publ. à l'occ. du 3e Congr. intern. de zoölog. Helder, 1895. Av. 2 portr., plans et pl. pet. in-8vo. cart.   1.—
Traite e. a. de poissons, mollusques, crustacés, etc.

121. **Günther, K.**, Het leven der dieren. (U. h. Duitsch) bew. d. R. Tolman. Amst. 1923. Av. 31 figg. 8vo. toile.   2.10
Pp. 154—168: Visschen.

122. **Haeckel, E.**, Natürliche Schöpfungsgeschichte. 2e Aufl. Berlin, 1870. Av. pl. et figg. 8vo. d. veau. (6.— br.)   3.—
Stammbaum und Geschichte des Tierreichs, III: Wirbelthiere (Fische, etc.).

123. — — Histoire de la création des êtres organisés d'après les lois naturelles. Trad. de l'allemand p. Ch. Letourneau. 2e éd. Paris, 1877. Av. cartes et pl. gr. in-8vo. toile.   7.50

124. **Hahn, C. W.**, Anweisung Krustenthiere, Vielfüsze, Asseln, u. s. w. zu sammeln. Nürnb. 1834. Av. 4 pl. 8vo. br.   1.—

125. **Halbertsma, K. J.**, Normaal en abnormaal hermaphroditismus bij de visschen. Amst. 1863. Av. 1 pl. 8vo. br. *Extr.*   1.—

126. **Hall, H. C. v.**, De natuur en het landleven. Haarlem, 1873. 8vo. br. (2.75).   1.25
Pp. 348—355: Visschen.

127. **Harengs, sardines, anguilles, aloses, fintes, etc.** — 89 **Ecrits** en langues française, anglaise, allemande, holland., russe, norvégienne, danoise etc. 1868—1914. fol., 4to et 8vo. br. *En partie des t. à p.*   40.—
A. Boeck, Over haring-aas. 1868. — **M. P. Lonquéty**, La pêche du hareng au porte de Boulogne s. M. 1878. — **A. Cligny**, Les prétendues migrations du hareng. 1908. — **T. W. Fulton**, Growth and age of the herring. 1906. — **J. Hjort**, Report on herring-investigations until 1910. 1910. — **G. Pouchet**,
Mart. Nijhoff, à La Haye. — Cat. No. 511

Rapport sur le fonctionnement du Laboratoire de Concarneau en 1888, 89 et sur la sardine. 1889, 90. 2 pces. — **P. P. C. Hoek,** Die Sardine und Sardinenkrisis Frankreichs. 1913. — **Errichtung** von Aalbrutleiteren. 1885. — **A. Feddersen,** Aalehannerne, i det faerske vand. 1893. — **R. Horst,** Voortplanting v. d. paling. 1896. — **H. Lübbert,** Aalfang in der Lagune von Comacchio. 1908. — **Henking,** Neue Aalfangmethode in Dänemark. 1912. — **E. Ehrenbaum,** Die Sardelle. 1892. — **C. K. Hoffmann,** Over de ansjovis. 1894. — **H. Ch. Williamson,** On the mackerel on the E. and W. coasts of Scotland. 1900. — **P. P. C. Hoek,** H. C. Redeke's Zuiderzee-rapport. 1908. — **Apstein,** Cyclopterus lumpus, der Seehase. 1910. — **H. C. Redeke,** Uber den Sprott und die Sprottfischerei in Holland. 1910. — etc.

128. **Harting, P.,** 17 Ecrits zoologiques, etc. 1853—85. Av. pl. color. et figg. 8vo. br. 5.—

Contient e. a.: Oost-Indische visschen. — Gewervelde dieren (o. a. haring). — Handl. tot de kunstmatige vermenigvuldiging van visschen. — Hydrostatische toestellen in het dierenrijk (o. a. de zwemblaas bij de visschen). — etc.

129. — — Leerboek van de grondbeginselen der dierkunde. Tiel, 1862—74. 3 tom. 6 vol. Av. figg. gr. in-8vo. d. rel. (58.50 br.) 7.50

130. — — Notices zoolog., anatom. et histol. sur l'orthragoriscus ozodura, av. considér. sur l'ostéogénèse des téléostiens. Amst. 1865. Av. 8 pl., dont 5 color. 4to. br. *Extr.* 2.—

131. — — Zoologia sistematica, texto trad. muy abreviadam y con algunas modificaciones p. H. Weyenbergh. Cordoba, Buenos-Aires, 1877, 81. T. II, III. 2 vol. 8vo. br. 2.50

II. Invertebrata. (Pp. 174—178: Crustacea. — Pp. 335—343: Mollusca. — etc.) III. Figuras.

132. **Heckel, J. C.,** Fische aus Caschmir. Wien, 1838. Av. 13 pl. 4to. br., n. r. 5.—

133. **Heide, A. de. — Man, J. C. de,** A. de Heide, ontdekker der trilhaarbeweging. Midd. 1905. 8vo. br. *Pas dans le commerce.* 1.—

134. **Heimans, E.,** De dierenwereld in woord en beeld. Amst. 1921. Av. ill. fol. cart. 5.25

Baars en meerval. — Snoek. — Karpers. — Kabeljauw en schelvisch. — Steur en sterlet. — Moddervisch. — etc.

135. — — Het aquarium-boekje. 2e dr. Amst. 1923. Av. figg. 8vo. toile. 1.90

Visschen. — Ziekten van aquariumvisschen. — Het voederen der aquariumvisschen. — Uitheemsche visschen. — etc.

136. **Heincke, F.,** und **E. Ehrenbaum,** Die Bestimmung der schwimmenden Fischeier und die methodik der Eimessungen. 1900. — **J. Schmidt,** Contributions to the life-history of the eel. 1906. — **A. Heinen,** Die plankton. Fischeier und Larven der Ostsee, 1910/11. 1912. — e. a. écrits sur les oeufs et larves de poissons. 1883—1912. 8 pièces. fol. et gr. in-4to. br. 6.50

137. **Heller, C.,** Beitr. z. näheren Kenntniss der Amphipoden des Adriatischen Meeres. Wien, 1866. Av. 4 pl. 4to. br. *T. à p.* 2.50

139. **Herklots, J. A.,** Additamenta ad faunam carcinologicam Africae Occidentalis. L. B. 1851. Av. 1 pl. 4to. cart. 1.50

140. — — Symbolae carcinologicae. Etudes sur les crustacés. Leyde, 1861. 8vo. br. 1.25

141. **Historie, Beknopte natuurlijke,** of beschrijving en afbeeldingen der voortbrengselen van de drie rijken der natuur; behelz. de dieren, planten en delfstoffen. Amst., Saakes, 1794. Av. 100 pl. color. 4to. d. bas. 15.—

Mart. Nijhoff, à La Haye. — Cat. No. 511

142. **Historie, Natuurlijke,** van Nederland. Haarlem, Amst. 1856—70. 15 vol. Av. 6 cartes et 202 pl. en couleurs et en noir. 8vo. d. veau (presque entièrement unif.) et Atlas de 92 pl. en couleurs. 4to. *Bel ex.*   60.—
    Contient: **W. C. H. Staring,** De bodem. 2 vol. Av. 4 cartes et 8 pl. — **J. H. Kerklots,** Weekdieren en lagere dieren. 2 vol. Av. 44 pl. — **S. C. Snellen van Vollenhoven,** Gelede dieren. 2 vol. Av. 35 pl. —**H. Schlegel,** Vogels. Av. 53 pl. — **F. W. C. Krecke,** Het klimaat. 2 vol. Av. 6 pl. — **H. Schlegel,** Zoogdieren, visschen, kruipende dieren. 3 tom. 2 vol. Av. 52 pl. — **D. Lubach,** De bewoners. Av. 2 cartes et 4 pl. — **C. A. J. A. Oudemans,** De flora. 3 vol. Av. atlas de 92 pl.
143. **Hoek, P. P. C.,** Report on the pycnogonida (Challenger Report). London, 1881. Av. 21 pl. 4to. br.   10.—
    Report on the scientific results of the voyage of H. M. S. Challenger, 1873—76.
144. — — Les organes de la génération de l'huitre. (En néerl. et franç.). Leide, 1883. Av. 6 pl. color. gr. in-8vo. br. *Extr.*   3.—
145. — — Literatuur op de oester en de oestercultuur betrekk. hebbende. Leiden, 1883. gr. in-8vo. br. *Extr.*   1.50
146. — — Report on the cirripedia coll. by H. M. S. Challenger during the years 1873—76. London, 1883. Av. 12 pl. 4to. br.   10.—
147. — — Rapport sur les recherches concern. l'huître et l'ostréiculture. Publ. par la Comm. de la station zoolog. de la Soc. néerl. de zool. (holl. et franç.). Leide, 1883, 84. Av. carte, 15 pl., dont 5 en couleurs et table. 8vo. br. (6.—)   3.50
148. — — Neuere Lachs und Maifisch-Studien. 's-Grav. 1899. Av. 5 pl. gr. in-8vo. br. *Extr.*   1.75
149. — — Leeftijd v. d. zalm af te leiden uit de structuur der schubben. Amst. 1909. Av. 2 pl. gr. in-8vo br. *T. à. p.*   1.—
150. **Hoeven, J. v. d.,** De sceleto piscium. L. B. 1822. Av. l pl. 8vo. d. veau.   1.—
151. — — L'histoire naturelle et l'anatomie des limules. Leyde, 1838. Av. 7 pl. de figg. gr. in-4to. cart.   6.—
152. — — Over nautilus pompilius L. Amst. 1856. Av. 5 pl. 4to. br. *Extr.*   1.—
153. — — Handboek der dierkunde. 3e uitg. Amst. 1859. 2 vol. Av. 24 pl. 8vo. de rel. (20.—)   7.50
    Dans la même reliure: **R. Leuckart,** Bijvoegsels en aanmerk. op v. d. H.'s handb. d. dierk. Vert. d. J. v. d. Hoeven Jr. Amst. 1856. Les planches du t. II légèrement tachées.
154. **(H)ORTUS SANITATIS.** De herbis et plantis. De animalibus et reptilibus. De avibus et volatilibus. De p i s c i b u s e t n a t a t i l i b u s. De lapidibus et in terre venis nascentibus. De urinis et earum speciebus. Tabula medicinalis cum directorio generali per omnes tractatus. (Argentorati, B. Beck), 1517. Titre dans une belle bordure et av. de très nombr. grav. s. bois e. a. de poissons. fol. ais en bois, recouv. de veau brun estamp.   350.—
    Proctor, no. 10310. Choulant, no. 19. Edition précieuse de cet ouvrage, recherché pour les très curieuses gravures s. bois. Sauf le titre et le dernier f. qui sont montés, ex. grand de marges et en parfait état; plusieurs témoins. La reliure légèr. endomm.; sans fermoirs.

Mart. Nijhoff, à La Haye. — Cat. No. 511

155. **(Houttuyn, M.)**, Natuurlyke historie of uitvoerige beschryving der dieren, planten en mineraalen, volgens het samenstel van Linnaeus. Amst. 1761—85. 37 vol. Av. 291 pl. 8vo. veau, dos dorés.   100.—
    Bel ex. dans une très bonne reliure unif. du temps.

156. —— Natuurkund. beschrijving der schulpdieren volgens het zamenstel van Linnaeus. Amst. (v. 1770). Av. 5 pl. color. 8vo. d. veau.   5.—
    Fait partie de l'ouvrage précédent.

157. **Huizinga, S. P.**, Dierkunde voor eerstbeginnenden. 2e dr. II. Gewervelde en gelede dieren. Gron. 1884. Av. figg. 8vo. br. (2.25)   1.—

158. **Huxley, T. H.**, The crayfish. Introd. to zoology. London, 1880. Av. 1 pl. et 82 ill. 8vo. toile. (3.—)   1.50

159. —— Même ouvrage. 3d ed. London, 1881. 8vo. toile.   1.50

160. —— L'écrevisse. Paris, 1880. Av. 1 pl. et 82 figg. 8vo. toile.   2.—

161. **Ihle, J. E. W., P. N. v. Kampen, e. a.**, Leerboek der vergelijkende ontleedkunde van de vertebraten. Utr. 1924. 2 vol. Av. de nombr. figg. gr. in-8vo. toile.   27.50
    Le t. I a paru.

162. **Initia** Faunae Groninganae. M. 1e vervolg. Gron. 1825. — **Lijst** van dieren in Groningen gevonden. Haarlem, 1826. — 2 pièces. 8vo. br. *Extr.*   1.—
    T. I, pp. 9—12: Visschen, weekdieren.

163. **Institut, Physiologisches.** Studien. Hrsg. v. K. B. Reichert. Lpz. 1858. Av. 4 pl. 4to. br.   2.50
    Contient e. a.: **K. B. Reichert**, Die ersten Blutgefässe, und die Bewegung des Blutes in denselben bei Fischembryonen. — **J. Ressel**, Pathol. Anat. des Epithelialkrebses. — etc.

164. **Islands, The Subantarctic,** of New Zealand. Reports on the geophysics, geology, zoology, and botany of the islands lying to the south of New-Zealand, based mainly on observat. and collections made during an expedition in the governmentsteamer „Hinemoa", 1907. Ed. by Ch. Chilton. Wellington, 1909. 2 vol. Av. carte et de nombr. pl. et ill. 4to. toile. 35.—
    Pp. 1—57: Mollusca. — Pp. 601—671: Crustacea.

165. **Jaarboekje** v. h. Kon. Zool. Genootschap Natura Artis Magistra. Amst. 1852—75. 24 vol. Av. pl. en couleurs et en noir. pet. in-8vo. toile.   20.—
    Annuaire du célèbre jardin zoölogique d'Amsterdam. Tout ce qui a paru. Rare.

166. **Jentink, F. A.**, Een bezoek a. h. Rijksmuseum van natuurlijke historie (te Leiden). — **G. A. Six**, De diensten v. h. R. M. v. N. H. voor de dierkunde. S. l. ni d. — etc. Ens. 3 pièces. 8vo. br.   1.—

167. **Jordana y Morera, R.**, Bosquejo geográfico é historico-natural del Archipiélago Filippino. Madrid, 1885. Av. 12 pl. color. fol. cart.   22.50
    Pp. 207—228: Peces.

168. **Journal** des Museum Godeffroy. Geograph., ethnograph. und naturwissenschaftl. Mittheilungen. Hrsg. von R. Bergh, L. Friederichsen, J. Kubary, G. Semper, u. A. Hamburg, 1873—1910. 6 vol. Av. de nombr. pl. color. 4to. d. veau.   175.—
    Collection complète. Surtout très intéressant pour les contributions sur l'ichthyologie, avec de nombr. belles planches coloriées.

169. **Jovius Novocomensis, P.**, De romanis piscibus. Antv., J. Grapheus, 1528. pet. in-8vo. d. veau.   7.50

170. **Karsten, G.**, Formänderungen von Sceletonema costatum (Grev.) S. l. 1898. Av. pl. 4to. br.   1.—

171. **Kingsley, Ch.**, Glaucus or the wonders of the shore. 4th ed. Cambr. 1859. Av. 12 pl. color. pet. in-8vo. toile, tr. dor.   1.25

172. **Kner, R.**, Orthacanthus Dechenii Goldf. oder Xenacanthus Dechenii Beyr. Wien, 1867. Av. 10 pl. 8vo. br. *Extr.*   3.—

173. — — Nachtr. zur fossilen (ichthyol.) Fauna d. Asphaltschiefer von See- feld in Tirol. — **L. J. Fitzinger**, Die natürl. Familie der Rohrrüszler (Macroscelides). Wien, 1867. Av. 4 pl. 8vo. br. *Extr.*   1.50

174. **Knorr, G. W.**, Verlustiging der oogen en van den geest, of verzameling van allerley bekende hoorens en sculpen, die in haar eigen kleuren afge- beeld zijn. Amst. 1770—75. 6 tom. 2 vol. Av. 190 pl. color. 4to. d. veau. *Bel ex.*   50.—
  Les belles planches représentent un grand nombre de coquilles. Sur de petites feuilles on a annoté en ms. la plupart des noms latins.

175. **Kolk, J. L. C. Schroeder v. d.**, De schelpen en de afneming onzer kust. Zwolle, 1896. Av. figg. 8vo. br. *Extr.*   —.75

176. **Kükenthal, W.**, Forschungsreise in den Molukken und Borneo. Frankf. a. M. 1896. Av. 4 cartes, 63 pl., dont 10 en chromolith., et figg. dans le texte. gr. in-4to. cart. (30.—)   20.—
  Abhandl. hrsg. von der Senckenbergischen Naturforschenden Gesell- schaft. Bd. XXII: Ergebnisse einer zoolog. Forschungsreise in den Moluk- ken und Borneo. I. Reisebericht.
  Pp. 9—11: Ueber das Fliegen der Fische.

177. — — Leitfaden für das zoolog. Praktikum. 7e Aufl. Jena, 1918. Av. ill. gr. in-8vo. br.   3.—
  Pp. 154—162: Muscheln. — Pp. 181—193: Krebse.

178. **Lacépède, De,** Oeuvres compr. l'histoire naturelle. Nouv. éd. Brux. 1833 —36. 6 vol. Av. 184 pl. color. gr. in-8vo. d. veau.   12.—

179. **(La Chenaye des Bois, F. A. Aubert de)**, Système naturel du règne animal suiv. les méthodes de Klein et Linnaeus. Paris, 1754. 2 vol. Av. portr. de Klein et de Linnée et 6 pl. en taille-douce. 8vo. d. veau, dos dor.   7.50
  Partie 4e: Classe des poissons (pp. 247—337).

180. **Latreille, P. A.**, Considérations générales des crustacés, des arachnides etc. Paris, 1810. 8vo. br., n. r.   1.—

181. **La Valette St. George, A. de**, Entwickel. der Amphipoden. Halle, 1860. Av. 2 pl. color. 4to. br.   1.—

182. **Leeuwenhoek, A. v.**, Werken. Leiden, Delft, 1684—1718. 4 vol. Av. 3 front., portrait, 100 pl. et figg. dans le texte. 4to. vél. (Sendbrieven d. veau).   125.—
  Van het maaksel van de hersenen van verscheyde dieren.... schobbens van aal en paling. — Voortteelinge van garnaad, krabbe en kreeft. — Van het maaksel van de vis-musculen. — Vleesch van den walvisch. — Stuk van een kabeljauw doorsneden. — etc.

183. **Leonhardt, E. E.**, Der Fisch. Sein Körper und sein Leben. Stuttg. 1913. Av. 2 cartes et 28 figg. 8vo. toile.   2.—

184. **List, Revised,** of vertebrated animals now or lately living in the gardens of the Zoolog. Soc. of London 1872. London, 1872. Av. figg. 8vo. br. 1.—

185. **Lochner, J. H.**, Rariora musei Besleriani quae olim B. et M. R. Besleri collegerunt. (Halle), 1716. Av. 40 pl. fol. dos de vél.   15.—
  Les planches représentent des fruits, des animaux (coquilles, etc.) et des pierres curieuses.

186. **Lütken, C. F.**, Additamenta ad historiam ophiuridarum. Beskrivelser af nye arter af slangenstjerner. Köbenh. (v. 1885). 2 parties. Av. 7 pl. 4to. br. (Akad.)   3.—

187. **Martin, K.**, Unsere palaezoolog. Kenntnis von Java. M. Bemerk. über die Geologie der Insel. Leiden, 1919. Av. 4 pl. gr. in-8vo. br.   6.—
     Traite e. a. de poissons et de coquilles.

188. **Martinet, J. F.**, Katechismus der natuur. Amst. 1782—89. 4 vol. — **J. de Vries**, Natuurkund. aanmerk. over M's Katechismus. Amst. 1791. 2 vol. — Ens. 6 vol. Av. front. et pl. 8vo. d. veau.   6.—
     Martinet, T. II, Zamenspraak XI: Over de eigenschappen der visschen. — Zamenspraak XII: Over de bijzondere visschen onzes vaderlands.

189. — — Le premier ouvrage seul. Verb. d. J. A. Uilkens. Amst. 1809. Av. 11 pl. se dépliant. 8vo. d. veau.   1.25

190. **Méheut, M.**, Etude de la mer, faune et flore de la Manche et de l'Océan. Texte p. P. Verneuil. Préf. p. Y. Delages. Paris, 1924. 2 vol. Av. 50 planches en couleurs et ill. gr. in-4to. toile.   63.—
     Les algues. — La pêche. — Poissons côtiers. — Poissons du large. — Les crustacés. — Les mollusques. — etc.
     „Ce sont uniquement les formes extérieures de la flore et de la faune marines dans leurs aspects les plus caractéristiques, observés par les artistes."

191. **Merian, M. S.**, De generatione et metamorphosibus insectorum Surinamensium in quâ vermes et erucas Surinam., plantae, ... quibus vescuntur . . . . exhibentur. Adj. bufones, ... serpentes . . . . Acc. appendix transformationum piscium in ranas, et ranarum in pisces. Amst. 1719. Av. 72 belles pl., grav. p. I. Mulder et P. Sluyter. gr. in-fol. veau.
                                                                           35.—

192. **Mission Pavie Indo-Chine, 1879—95.** Paris, 1879—1911. 9 vol. Av. 69 cartes, une foule de pl. en couleurs et en noires et ill. et Atlas de 10 cartes en couleurs. Ens. 10 vol. 4to. br.   85.—
     A. Géographie et voyages I, II. Exposé des travaux de la mission. Par A. Pavie. 2 vol. — III, IV. Voyages au Laos, au centre de l'Annam et chez les sauvages du Sud-Est et de l'Est de l'Indo-Chine. Par Cupet, de Malglaive et Rivière. Introd. par A. Pavie. 2 vol. — V. Voyages dans le haut Laos et sur les frontières de Chine et de la Birmanie. Par Lefèvre-Pontalis. Introd. par A. Pavie. — VI. Passage du Mé-Khong au Tonkin. Par A. Pavie. — B. Etudes diverses. I. Recherches sur la littérature du Cambodge, du Laos et du Siam. Par A. Pavie. — II. Recherches sur l'histoire du Cambodge, du Laos et du Siam. Par A. Pavie. — III. Recherches sur l'histoire naturelle de l'Indo-Chine Orientale. Par A. Pavie.
     Ex. complet de cet ouvrage de la plus haute importance et épuisé.
     B. III, pp. 332—451: Mollusques. — Pp. 451—470: Poissons.

193. **Mol, W. E. de**, Samen de natuur in. Amst. 1922. Av. figg. 8vo. toile. 3.50
     Chap. 14—15: Het aquarium.— Chap. 50: Over een interessant aquariumvischje.

194. **Molina**, L'histoire naturelle du Chili. Trad. de l'ital. et enrichi de notes p. Gruvel. Paris, 1789. 8vo. br., n. r.   7.50
     § 34: Poissons.

195. **Molluscoidea fossiles.** — 15 Ecrits p. R. S. Bassler, Ch. D. Walcott e. a. Wash. 1902—17. Av. ill. 8vo. br.   10.—
     T. à p. de Smithson. Instit. et U. S. Nat. Museum.
     Contient e. a.: **E. D. McEwan**, A study of the brachiopod genus platystrophia. Av. 6 pl. — **Ch. D. Walcott**, Cambrian brachiopoda. Av. 3 pl. — etc.

Mart. Nijhoff, à La Haye. — Cat. No. 511

196. **Mollusques.** — 73 **Ecrits** p. P. Bartsch, W. H. Dall, J. B. Henderson, e. a. Wash. 1863—1920. Av. de nombr. pl. et ill. 8vo. 2 vol. d. rel., le reste br.   30.—
   I: American authors. — II. Foreign authors.
   T. à p. de Smithson. Instit. U. S. et Nat. Museum.
   Contient e. a.: **W. G. Binney,** Bibliography of North American conchology previous to 1860. 2 vol. (650 et 298 pp.).

197. **Mollusques fossiles.** — 16 **Ecrits** p. W. H. Dall, R. Arnold, P. Bartsch, e.a. Wash. 1901—17. Av. pl. 8vo. br.   7.50
   T. à p. de Smithson. Instit. et U. S. Nat. Museum.

198. **Mollusques de l'Océan Pacifique.** — 48 **Ecrits** p. P. Bartsch, W. H. Dall et S. S. Berry. Wash. 1907—19. Av. pl. et ill. 8vo. br.   25.—
   T. à p. de Smithson. Instit. et U. S. Nat. Museum.

199. **Mousson, A.,** Faune malacolog. de qq. îles de l'Océan Pacifique occid. — **Id.,** Faune malacol. terrestre et fluviatile des îles Tonga. — **Id.,** Coquilles, rec. p. Sievers dans la Russie mérid. et asiatique. — **Id.,** Coquilles rec. par A. Schlaefli dans l'Orient. — (Paris, 1871—74). 4 pièces. En 1 vol. Av. 4 pl. 8vo. cart. *Extr.*   2.50

200. **Murray, J.,** and **G. V. Lee,** The depth and marine deposits of the Pacific. Cambridge, 1909. Av. 3 cartes et 5 pl. gr. in-4to. br.   5.—
   Memoirs of the Museum of comparat. Zoology at Harvard College, XXXVIII, 1.

201. **Musées d'histoire naturelle.** — 50 **Ecrits** en franç., allemand, angl., russe, holland., etc. 1834—1906. gr. in-4to et 8vo. cart. et br. *Qq. t. à p.*   25.—
   C. M. Giltay, Descriptio neurolog. esocis lucii (brochet.). 1832. — **Het aquarium,** inrigting, etc. om zoowel zee- als zoetwatervischjes, etc. waar te nemen. — **J. F. v. Bemmelen,** Bezoek a. h. Natural History Museum te London. — **F. A. Jentink,** Verslag omtr. het Rijks Museum van Natuurl. historie te Leiden. 1884—89, 91—92, 93—94, 95—96, 97—98, 1900—02, 1904—05, 1907—11. 16 pièces. — **J. de Guerne,** La commission d'études scientif. des mers allemandes à Kiel. 1887. — **Handbook** of information conc. the School of biology of the Univ. of Pennsylvania. 1889. — **F. P. Moreno,** Le Musée de la Plata. 1890. — **Kon. Zoolog. Genootschap** „Natura Artis Magistra". 1838—98. — **Bericht** über das Kaukas. Museum etc. in Tiflis, 1899. 1900. — **A. Agassiz,** Address at the opening of the geolog. section of the Harvard University Museum, 1902. — etc.

202. **Muséum** d'histoire naturelle des Pays-Bas. Revue méthod. et critique des collections déposées dans cet établissement. Leyde, 1862—94. 14 vol. Av. table des t. I—VIII. Av. pl. 8vo. En livr.   40.—

203. **Natuurbeschouwer.** Verzameling verhandelingen over de drie rijken der natuur. N. h. Hgd. en m. aant. d. P. Boddaert. 's-Grav., I. Du Mée, 1779, 81. 2 tom. 1 vol. Av. 6 pl. color. et noires. 8vo. d. veau.   6.—
   Contient e. a.: **J. E. J. Walch,** Eenige nieuw ontdekte schulpen. (pp. 21—48). Av. 6 pl.

204. **Nicolas, P. F.,** Méthode de préparer et conserver les animaux. Paris, 1801. Av. 10 pl. 8vo. d. rel.   2.50
   Pp. 188—198: Poissons.

205. (**Nicolson, le P.**), L'histoire natur. de l'isle de St. Domingue. Paris, 1776. Av. titre gravé et 10 grav. en taille-douce. 8vo. vél. vert. *Rare.*   15.—
   Chap. VI: Règne animal. Art. I. Coquillages. — Art. IX: Description d'un poisson monoceros. — etc.

206. **North American fauna.** Wash. 1889—96. Nos. 1—12. Av. cartes, pl. et figg. 8vo. En livr.   20.—
   No. 7, pp. 229—234: Ch. H. Gilbert, Report on fishes. — Pp. 269—283: R. E. C. Stearns, Report on mollusks.

Mart. Nijhoff, à La Haye. — Cat. No. 511

207. **Notes** from the Leyden Museum. Ed. by H. Schlegel and F. A. Jentink. Leyden, 1879—1914. 36 vol. Av. pl. (qq.-unes en couleurs) et table des années 1879—99. 8vo. br. 170.—
Tout ce qui a paru.

208. **Observations** et mémoires sur la physique, sur l'histoire naturelle et sur les arts et métiers. (Sous la réd. de J.) Rozier, J. A. Mongez et (J. C.) De la Méthérie. Paris, 1773—89. T. I—XXXV. Av. Suppl. du t. XIII. Ens. 36 vol. Av. pl. 4to. d. mar. vert, n. r. *Bel ex. dans une reliure du temps.*
150.—
Contient e. a.: Observation sur le poisson nommé guaperva (Av. pl.). — Description des poissons de l'Ile de France. — La régénération de quelques parties du corps des poissons. — etc.

209. **Océanographie.** — 10 **Ecrits** p. J. M. Flint, J. Murray. Wash. 1901—15. Av. pl. 8vo. br. 2.50
T. à p. de Smithson. Instit. et U. S. Nat. Museum.
Contient e. a.: The sea as a conservator of wastes and a reservoir of food (Av. 8 pl. de poissons).

210. **Océanographie, biologie, hydrographie.** — 31 **Ecrits.** 1906—10. 4to et 8vo. br. 6.—
Contient e. a.: **K. Dahl,** The scales of the herring as a means of determining age, growth and migration. — **G. Gilson,** L'anguille. — etc.

211. **Océanographie de la mer arctique et antarctique.** — 15 **Ecrits** en français, anglais, allemand, russe, etc. 1889—1908. gr. in-4to et 8vo. br. *Qq. t. à p.* 7.50
J. de Guerne et **J. Richard,** Sur la faune des eaux douces du Groenland. 1889. — **G. T. Atkinson,** Notes on a fishing voyage to the Barents Sea, 1907. 1908. — **L. L. Breitfuss,** Liste der Fauna des Barents Meeres. — **A. Linko,** Plankton des Barents-Meeres. — etc.

212. **Oudemans Jz., A. C.,** The great sea-serpent. Histor. and critical treatise. W. the reports of 187 appearances, etc. Leiden, 1892. Av. 82 ill. gr. in-8vo. toile. 15.—
Epuisé.

213. **Oudemans, J. T.,** Thysanura en collembola. Amst. 1887. Av. 3 pl. fol. br. 4.—

214. **Pax, F.,** Die Tierwelt Schlesiens. Jena, 1921. Av. 9 cartes et 100 ill. 8vo. br. 5.—
Pp. 189—217: Tierwelt der Gewässer.

215. **Pel, H. S.,** Over polynemus macronemus. Amst. 1851. Av. 1 pl. color. gr. in-4to. br. *Extr.* 1.—

216. **Pennant, Th.,** Inleiding tot de kennis der Noorder-Poollanden, getrokken uit de dierkunde d. Noorder-Poollanden. U. h. Eng. Amst. 1789. Av. cartes et pl. 8vo. cart., n. r. 5.—
Engeland. — Schotland. — Schetland. — Feroe-eilanden. — IJsland. — Vlaanderen en Holland. — Het Russische rijk. — Finland. — Noorweegen. — Spitsbergen. — Asien. — America.
Traite aussi des poissons des différents pays.

217. **Periodico zoologico.** Organo de la Sociedad zoologica Argentina. Cordoba, 1878. T. III. Av. pl. 8vo. d. veau. 5.—
Pp. 278—309: H. Weyenbergh, Morphologische aanteekeningen over de proest-alen.

218. **Perrier, E.,** Le transformisme. Paris, 1888. Av. 88 figg. 8vo. br. 1.—
Chap. VII: ... Mollusques. — Chap. VIII: Evolution des vertébrés (poissons, etc.).

219. **Perry, M. C.,** Narrative of the expedition of an American squadron to
the China seas and Japan, 1852—54. Comp. from the original notes by
F. L. Hawks. Wash. 1856. 2 vol. Av. 23 cartes, 131 pl., dont plusieurs en
couleurs, facs. et grav. s. bois dans le texte. 4to. toile.   30.—

> Ouvrage étendu, intéressant pour la connaissance du Japon et des rela-
> tions entre les Américains et les Japonais, de la Colonie du Cap, des îles de
> Maurice et de Ceylon, etc. Le t. II, qui traite de l'agriculture, de la botanique
> de la zoölogie, etc. du Japon et de la Chine, contient e. a.: J. C. Brevoort,
> Notes on some figures of Japanese fish. Av. 9 pl. en couleurs. — Report on
> the shells collected by the expedition to Japan. Av. 5 pl., dont2 en couleurs.

220. **Perty, M.,** Das Seelenleben der Thiere. 2e umgearb. Aufl. Lpz. 1876.
8vo. d. rel.   2.—

> Pp. 258—265: Crustazeen. — Pp. 349—367: Fische.

221. **Petrucci, R.,** Origine polyphylétique, homotypie et non comparabilité
directe des sociétés animales. Brux. 1906. gr. in 8vo. toile.   1.50

> Pp. 65—72: La vie sociale chez les poissons. — P. 80—83: Formation des
> catégories chez les poissons. — etc.

222. **Piso, G.,** Historia naturalis Brasiliae, cont. De medicina Brasiliensi ll.
IV et Georgi Marcgravi de Liebstad Historiae rerum naturalium Brasi-
liae ll. VIII, quorum tres priores agunt de plantis, quartus de piscibus.
Joh. de Laet in ord. digessit. L. B., Elsevier, 1648. Av. titre gravé et de
nombr. ill., grav. s. bois, dans le texte. fol. vél. dor., dor. s. tr.   250.—

> Willems, no. 1068. Ouvrage classique et très important sur l'histoire
> naturelle du Brésil.
> Ex. exceptionnel ayant le titre et les nombr. gravures s u p e r b e-
> m e n t   c o l o r i é e s. La marge inférieure av. qq. taches d'humidité, du
> reste un très bel ex.

223. **Plankton.** — 39 **Ecrits** en français, allemand, anglais, danois, etc. 1890—
1913. fol., 4to et 8vo. cart. et br. *En partie des t. à p.*   15.—

> **Prince de Monaco,** Sur la faune des eaux profondes de la Méditerranée au
> large de Monaco, 1890. — **P. T. Cleve,** Plankton from the Southern Atlantic
> and the Southern Indian Ocean. 1900. — **C. H. Ostenfeld,** Phytoplankton
> from the sea around the Faeröes. 1903. — **K. J. V. Steenstrup,** Plankton-
> prover fra N.-Atlanterhavet, 1899. 1904. — **H. H. Gran,** Die Diatomeen
> der Arktischen Meere. I. Die Diatomeen des Planktons. 1904. — **M. Rose,**
> Recherches biolog. sur le plankton. 1912. — etc.

224. **Plateau, F.,** Force absolue des muscles adducteurs des mollusques la-
mellibranches. Brux. 1883. Av. 1 pl. 8vo. br. *Extr.*   1.50

225. **Plehn, M.,** Praktikum der Fischkrankheiten. Stuttg. 1924. Av. 173 ill.
et 21 pl. en couleurs. gr. in-8vo. toile.   14.50

226. **Pleuronectides, carrelets, etc.** — 40 **Ecrits** en anglais, allemand, holland.,
etc. 1901—12. fol., gr. in-4to et gr. in-8vo. br. *Qq. t. à p.*   20.—

> **E. W. E. Holt** and **L. W. Byrne,** On a young stage of the white sole. 1901.
> — **C. Apstein-Kiel,** Junge Butt (Schollen, etc.) in der Ostsee. 1904. — **H.
> Bolau** und **A. C. Reichard,** Die deutschen Versuche mit gezeichneten Schol-
> len. I—III. Bericht. 1905—10. 3 pièces. — **A. C. Johansen,** Die Schollen-
> fischerei im Kattegat. 1906. — **R. Anthony,** The cultivation of the turbot.
> 1908. — **G. T. Atkinson,** Transplantation of plaice from the White Sea to
> the North Sea. 1910. — **A. C. Johansen,** 3er Bericht ueber die Eier, Larve,
> etc. der Pleuronectiden in der Ostsee. 1912. — etc.

227. **Plinius Sec., C.,** Naturalis historia. Ed. Detlefsen. Berol. 1866—81. 6
tom. 2 vol. 8vo. d. veau.   6.—

228. — — Boecken ende schriften vande natuyr, aert, enz. aller creatueren
ofte schepselen Godes. Als vande menschen viervoetighe dieren

Mart. Nijhoff, à La Haye. — Cat. No. 511

voghelen slangen byen, etc. U. h. Hchd. Arnhem, J. Janszen, 1610.
Av. de nombr. jolies grav. s. bois. 4to. vél.   35.—
Traduction hollandaise, remarquable à cause des nombr. grav. s. bois,
représent. principal. des animaux. Le chap. sur les p o i s s o n s commence
par une intéressante grav. sur la pêche. Traduction de l'édition allemande
qui n'est pas tirée de Pline seul, mais de différents autres auteurs, e. a.:
J. Staden, Beschrijv. der naeckte menscheneters.
La grav. sur le titre coloriée.

229. **Plinius Sec., C.**, Même ouvrage. Hoorn, P. J. v. Campen, (v. 1625). Av.
de nombr. jolies grav. s. bois. 4to. vél. *Bel ex.*   35.—

230. —— Même ouvrage. Met de schriften van andere oude schryvers over
de natuur der dieren door Th. v. B. Amst., J. Monterre, 1770. Av. front.
et de nombr. figg. 8vo. cart., n. r.   1.75

231. **Poissons, coquilles, mollusques, etc.** — 15 **Ecrits.** 1850—1909. Av. pl. et
figg. 8vo. br. *Qq. t. à p.*   6.—
R. Ramsbottom, The salmon and its artificial propagation. 1854. — **T.
Prinne,** American species of cyclas. 1857. — **J. Richardson,** On the poisonous
effect of the liver of a diodon (South-African seas). 1860. — **Th. F. Knight,**
Descriptive catalogue of the fishes of Nova Scotia. 1866. — **P. Carbonnier,**
L'histoire du poisson de Chine, le macropode. 1872. — **F. Boll,** Elektrische
Fische. 1874. — **P. P. C. Hoek,** Les organes génitaux des huîtres. 1882. —
C. Kerbert, Het aquarium te A'dam. 1905. — **D. G. J. Bolten,** Visschen als
muskietenverdelgers. 1909. — etc.

232. **Poissons.** — 44 **Ecrits** p. H. W. Fowler, Th. Gill e. a. Wash. 1891—1919.
Av. ill. 4to et 8vo. br.   10.—
T. à p. de Smithson. Instit. et U. S. Nat. Museum.

233. **Poissons américains.** — 50 **Ecrits** p. W. F. Thompson, Ch. H. Gilbert,
J. O. Snijder, e. a. Wash. 1904—19. Av. pl. 8vo. br.   15.—
T. à p. de Smithson. Instit. et U. S. Nat. Museum.

234. **Poissons asiatiques.** — 18 **Ecrits** p. D. S. Jordan, H. M. Smith, L.
Radcliffe, e. a. Wash. 1905—18. Av. ill. 8vo. br.   6.—
T. à p. de Smithson. Instit. et U. S. Nat. Museum.

235. **Poissons du Japon.** — 66 **Ecrits** p. D. S. Jordan, J. O. Snyder e.a. Wash.
1903—15. Av. pl. et ill. 8vo. br.   25.—
T. à p. de Smithson. Instit. et U. S. Nat. Museum.

236. **Poissons des Philippines.** — 19 **Ecrits** p. W. K. Fisher, H. M. Smith,
L. Radcliffe, e. a. Wash. 1905—20. Av. ill. 8vo. br.   10.—
T. à p. de Smithson. Instit. et U. S. Nat. Museum.

237. **Recherches** sur la faune de Madagascar et de ses dépendances, d'après
les découvertes de F. P. L. Pollen et D. C. v. Dam. Leide, 1868—77. T.
I, 1—5, II, IV, V, 1—3. Av. pl. 4to. br.   106.—
I, 1—5. **F. L. P. Pollen,** Relation de voyage. — II. **H. Schlegel** et **F. P. L.
Pollen,** Mammifères et oiseaux. — IV. **P. Bleeker** et **F. P. L. Pollen,** Poissons
et pêches. — V, 1—3. **S. C. Snellen v. Vollenhoven, E. de Sélys Longchamps,
e. a.,** Insectes, crustacés, mollusques, etc.
Tout ce qui a paru.

238. **Recherches de laboratoires maritimes, etc,** — 63 **Ecrits** en franç., alle-
mand, angl., holland., etc. 1859—1912. 8vo. br. *En partie des t. à p.* 25.—
Directions for collecting, preserving etc. specimens of natural history
prepared for the use of the Smithsonian Institution. 1859. — **Rapport** (over
een station voor zoölog. onderzoek door C. Ph. Sluiter te Batavia geopend).
1885. — **H. Henking,** Neue Untersuch. über die künstliche Beruhigung der
Wellen. 1893. — **W. C. Mac Intosh,** The Saint Andrews marine Laboratory
under the fishery Board for Scotland. 1895. — **B. Dean,** A Californian marine

Mart. Nijhoff, à La Haye. — Cat. No. 511

biological station. 1897. — **Report** of the Danish biolog. station to the Board of agriculture. 1899. — **H. M. Kyle,** Fishing nets with special reference to the otter-trawl. 1903. — **B. Dean,** Visit to the Japan. zoolog. station at Misaki. 1904. — **E. L. Mark,** The Bermuda islands and the B. biolog. station for research. 1905. — **E. Ehrenbaum,** Das Aquarium der biolog. Anstalt auf Helgoland. 1910. —etc.

239. **Redeke, H. C.,** Plankton-onderzoekingen in het Zwanenwater bij Callandsoog. Haarlem, 1903. Av. 5 pl. 4to. br. *T. à p.*   2.—

240. — — Die holländ. Versuche mit gezeichneten Schollen, 1903—08. Helder, 1906—10. 2 pièces. Av. cartes. 4to. br. *T. à p.*   1.50

241. **Redus, Fr.,** Experimenta circa varias res naturales, speciatim illas quae ex Indiis afferuntur. Amst. 1685. Av. front. et pl. pet. in-8vo. vél. 15.—
Pp. 53—55: Torpedo piscis. — etc.

242. — — Esperienze intorne a diverse cose naturali e particolarmente a quelle, che ci son portate dall' Indie. Firenze, 1686. Av. 6 pl. 4to. br.7.50

243. **Reinhardt, J.,** Eene nieuwe soort van siluroide of welsachtigen visch van Brazilië. Vert. d. J. v. d. Hoeven. S. l. ni d. Av. 1 pl. 8vo. br. *Extr.* 1.—

244. **Report** on the Danish Oceanographical Expedition, 1908—10 to the Mediterranean and adjacent seas. Publ. by J. Schmidt, a. o. Nos. I—VII. Copenh. 1912—23. gr. in-4to. br.   115.—
I. Hydrography (complete). — II. Biology. — III. Miscellaneous papers.

245. **Reports** on the collections made by the British Ornithologists' Union expedition (1909—11), and the Wollaston expedition, (1912—13), in Dutch New Guinea, 1910—13. London, 1916. 2 vol. Av. 2 cartes, 41 pl. en couleurs et noires et 76 figg. gr. in-4to. br.   150.—
Contient e. a.: Pisces by C. T. Regan. —Crustacea by W. T. Calman. —etc
Tiré à 150 exx. seulement et épuisé.

246. **Résultats** des campagnes scientifiques accomplies sur son yacht par Albert I de Monaco. Publ. sous sa direction av. le concours de J. de Guerne et J. Richard. Monaco, 1889—1924. Facs. 1—69. 69 vol. Av. de nombr. superbes planches en couleurs et noires. gr. in-4to. 700.—
Tout ce qui a paru jusqu'aujourd'hui de cette somptueuse publication.
Les contributions sur la faune malacologique, sur les spongiaires, brachiopodes, holothuries, amphipodes, bryozoaires, échinodermes, etc. ont été écrites par les savants les plus complétents de la France, de l'Allemagne, de la Hollande, de la Scandinavie, etc.

247. **Richter, J. G. O.,** Vischkundige onderwijzer. Natuur- ontleed- huishoud- en oordeelkund. beschrijving der visschen. Dordr. 1780. 4to. veau, dos doré. *Ex. sur grand papier.*   7.50

248. **Rombouts, J. E.,** De dieren van Nederland. Handl. tot het determineeren der inlandsche dieren. Haarlem, 1893. Av. 421 figg. 8vo. br. 1.—
Pp. 71—92: Pisces. — Pp. 241—248: Mollusca.
Rosso, R. del, Pesche en peschiere antiche e moderne nell' Etruria maritima. Voir V, no. 824.

249. **Roth, W.,** Krankheiten der Aquarienfische und ihre Bekämpfung Stuttg. 1913. Av. 67 ill. gr. in-8vo. d. rel.   1.50

250. **Roux, J.,** Crustacés d'eau douce de l'Archipel Indo-Australien. 's-Grav. 1923. Av. 2 figg. gr. in-4to. br.   2.40
Capita Zoologica. II, 2.

251. **Rumphius, G. E.,** D'Amboinsche rariteitkamer, behelz. eene beschryv. van allerhande schaalvisschen, te weeten krabben, kreeften, en diergelyke zeedieren, als mede hoorntjes en schulpen, mineralen, gesteen-
Mart. Nijhoff, à La Haye. — Cat. No. 511

ten, enz., die men in d'Amboinsche eilanden vindt. Amst., F. Halma, 1705. Av. front., portrait et 60 pl. fol. d. veau. 50.—
Edition originale.
Dans la même reliure: **F. Valentyn,** Verhandeling der zeehorenkens en zeegewassen in en omtrent Amboina en de nabygelegene eilanden dienende tot een vervolg (op) Rumphius. Amst., J. v. Keulen, 1754. Av. 18 pl.
Ce dernier ouvrage est une réimpression textuelle.

252. **Rumphius, G. E.,** Même ouvrage. Amst., J. R. de Jonge, 1741. Av. titre gravé, portrait et 60 pl. fol. veau. 75.—
Réimpression de 1740 av. un nouveau titre. A part les dédicaces de Rumphius et de Fr. Halma à d'Acquet qui ont été remplacées par d'autres de de Jonge à J. Burmannus, cette édition est identique à la première.

253. — — Thesaurus imaginum piscium testaceorum, quales sunt cancri, echini, ... ut et cochlearum.... quibus acc. conchylia .... denique mineralia. L. B., P. v. d. Aa, 1711. Av. front., portrait et 60 pl. — **N. Sendelius,** Historia succinorum corpora aliena involventium et naturae opere pictorum et caelatorum ex regiis Augustorum cimeliis Dresdae conditis. Lps. 1742. Av. 13 pl. — En 1 vol. fol. veau. (Rel. restaurée). 30.—
Le premier ouvrage contient les mêmes planches que l'édition de 1705; le texte latin est fort abrégé.

254. **Ruysch, H.,** Theatrum universale omnium animalium, piscium, avium, quadrupedum, insectorum, etc. 260 tabulis ornatum, ex scriptoribus tam antiquis quam recent. a. J. Jonstonio collectum, ac plus quam 300 piscibus (et animalibus) nuperrime ex Indiis Orient. allatis. Amst., R. et G. Wetstein, 1718. 6 tom. 2 vol. Av. front. et 270 pl. fol. veau, dos et plats richement dor. 40.—
Les premières 40 pp. du t. I contiennent: Collectio nova piscium Amboinensium partim ibi ad vivum delineatorum, partim et museo Henr. Ruysch XX tabulis comprehensa.

256. **Safford, W. E.,** Natural history of Paradise Key and the nearby everglades of Florida. Wash. 1917. Av. front., carte et 64 pl., dont 3 en couleurs. 8vo. br. *Extr.* 2.50
Smithson. report 1917. Pp. 410—413: Fishes.

257. **Sagittarius, Th.,** Exercitationes physicae. Jenae, 1614. 4to. vél. 12.—
Pisces an sentiant morbos? — Pisces an respirent?

258. **Saint-Pierre, J. B. H. de,** Harmonies de la nature. Publ. par L. Aimé-Martin. Faisant suite aux Etudes de la nature. Paris, 1815. 3 vol. 8vo. d. veau, n. r. orig. 12.—
T. I, pp. 414—417: Respiration des poissons. — T. II, pp. 116—119: Anatomie comparée des animaux et des poissons. — Pp. 136—142: Formes des poissons. — etc.
Sans le portrait.

259. **Salverda, M.,** Handleid. bij de beoef. van de kennis der natuur. Gron. 1882, 83. 2 vol. Av. de nombr. ill. gr. in-8vo. toile. (12.60) 2.50

260. — — Même ouvrage. 2e dr. Gron. 1890. 2 vol. Av. 800 ill. gr. in-8vo. toile. (10.80) 3.50
I. Dier- en plantkunde. — II. Natuurkunde.

261. — — Handleid. bij het onderwijs in de beginselen der plant- en dierkunde. Gron. 1888. Av. figg. 8vo. br. (3.75) 1.—

262. **Saumon et truite.** — 75 **Ecrits** en français, anglais, allemand, hollandais, norvégien, etc. 1871—1913. fol., gr. in-4to et 8vo. br. *En partie des t. à p.* 25.—
H. Keller, Die Anlage der Fischwege. 1885. — **F. P. L. Pollen,** Wettel.

regeling voor Ned. v. d. zalmvisscherijen in den Rijn. 1886. — **0. Nordquist,** Laxens uppstigande i Finlands och norra Sveriges elfvar. 1906. — **P. P. C. Hoek, F. Trybom,** Draft-answer to the questions regard. the salmon fisheries of the Baltic, presented by the governments of Denmark, Finland, Russia and Sweden. 1907. — **P. P. C. Hoek,** Leeftijd v. d. zalm af te leiden uit de structuur der schubben. 1909. — **F. Trybom,** Aufzucht, Markierung und Fang von Lachsen und Meerforellen im Ostseegebiet, 1904—09. 1909, 11. 2 pièces. — **K. Dahl,** Alder og vekst hos laks og orret. 1910. — **H. B. Ward,** Internal parasites of the sebago salmon. 1910. — **A. Rosenberg,** Abating disease among brook brout. 1910. — etc.

263. **Schlegel, H.,** Over polynemus multifilis. — **Id.,** Over peristedion laticeps. — Amst. 1852. 2 pièces. Av. 2 pl. gr. in-4to. br. *Extr.*   1.50

264. — — De visschen van Nederland. Haarlem, 1862. Av. 21 pl. 8vo. br.
3.50

265. — — De dierentuin v. h. Kon. Zoöl. Gen. Natura Artis Magistra te Amsterdam zoölog. geschetst. M. histor. herinner. van P. H. Witkamp. Uitgeg. d. G. D. v. Es. Amst. 1872. Av. de nombr. pl. et ill. grav. s. bois. fol d. rel. (15.— br.)   6.—

266. **Schultze, M. S.,** Entwickelungs-Geschichte von petromyzon planeri. Haarlem, 1856. Av. 8 pl. 4to. cart. *Extr.*   2.—

267. **Seba, A.,** Description exacte des principales curiositez naturelles. — Locupletiss. rerum naturalium thesauri descriptio. (Texte latin et français). Amst., J. Wetstein, e. a., 1734—65. 4 vol. Av. beau front. p. P. Tanyé, portrait p. J. Houbraken d'après J. M. Quinkhard et 449 belles planches gravées p. P. Tanye, e. a. gr. in-fol. veau.   200.—

Les planches contiennent des milliers de figg. représentant les objets de la nature, qui formaient le cabinet célèbre de M. Seba, comme des fleurs, feuilles, toutes sortes d'animaux (quadrupèdes, oiseaux, reptiles (e. a un grand nombre de serpents), p o i s s o n s, de nombr. papillons, etc., etc.), des coquilles, pétrifications, etc. du monde entier.
Bel ex. de toute fraîcheur et grand de marges.

268. **Siboga, Expédition du.** Résultats des explorations zoolog., botaniques, océanograph. et géolog. entreprises aux Indes Néerland., 1899— 1905, à bord du Siboga sous le commandement de G. F. Tydeman, publ. p. Max Weber. Leide, 1901—25. Livr. 1—100. Av. de nombr. pl. en couleurs et noires. gr. in-4to. En livr. (780.50)   550.—

541a. **SIEBOLD, PH. F. DE, C. J. TEMMINCK et H. SCHLEGEL,** Fauna Japonica. L. B. 1833—50. gr. in-4to. dos et coins en mar. rouge, tête dor., n. r.   1500.—

Superbe ouvrage, épuisé et très rare.
I*a*. Mammalia. Av. 30 pl. color. I*b*. Reptilia. Av. 27 pl. — II. Aves. Av. 120 pl. color. — III. P i s c e s. Av. 161 pl. color. — IV. Crustacea. Av. 72 pl.
Ex. complet. Le vol. „Aves" est un peu plus petit que les autres vol.

271. **Slabber, M.,** Natuurk. verlustigingen behelz. microscopise waarnemingen van in- en uitlandse water- en land-dieren. Haarlem, J. Bosch, 1778. Av. 18 pl. color. 4to. d. veau.   7.50

272. **Sluiter, C. Ph.,** Bouw der kieuwen van lamellibranchiaten. Leiden, 1878. Av. 1 pl. color. 8vo. br.   1.—

273. **Snelleman, J. F., A. L. v. Hasselt en J. G. Boerlage,** Bijdr. tot de kennis der fauna en flora van Midden-Sumatra. Leiden, 1884—92. 2 tom. 3 vol.

Av. pl. en couleurs et noires. gr. in-8vo. 1 vol. d. veau, le reste en feuilles.   30.—

La 4e partie de „Midden-Sumatra". Beschreven onder toez. van P. J. Veth.
T. I, 2e partie: Kruipende dieren en visschen. — 3e Partie: Mollusca.— 4e Partie: Crustacea.

274. **Steenstrup, J. J. S.,** Das Vorkommen des Hermaphroditismus in der Natur. A. d. Dän. von C. F. Hornschieck. Greifswald, 1846. Av. 2 pl. de figg. 4to. cart.   2.—

Pp. 25—29: Menschen und Säugetiere, Vögel, Fische, etc. — Pp. 29—39: Insecten, Krebstiere, etc.

275. — — og **C. F. Lütken.** Det aabne Havs Snyltekrebs og Lernaeer samt om nogle andre nye eller hidtil kun ufuldstaendigt kjendte parasit. Copepoder. Köbenh. (v. 1885). Av. 15 pl. 4to. br. (Akad.).   3.—

276. **Stekhoven, J. G. Schuurmans,** De sexualiteit der myxosporidia. Amst. 1918. Av. 2 pl. 8vo. br.   2.—

277. **Stempell, W.,** und **A. Koch,** Elemente der Tierphysiologie. Jena, 1916. Av. ill. gr. in-8vo. toile. (11.40)   4.50

Pp. 231—235: Respiratorischer Quotient des Goldfisches. — Pp. 332—334: Funktion der Schwimmblase. — etc.

278. **Stimpson, W.,** Fossil crab of Gay Head. Boston, 1863. Av. 1 pl. 8vo. br. (Taché d'eau.)   1.—

279. — — Report on the crustacea (brachyura and anomura) collected by the North Pacific exploring expedition, 1853—56. Wash. 1907. Av. 26 pl. 8vo. br. (Smithson. coll.).   3.50

280. **Taschenberg, O.,** Die Verwandlungen der Tiere. Prag, 1882. Av. 88 figg. 8vo. toile.   1.25

Chap. III: Amphibien und Fische.

281. **Tesch, P.,** Beitr. z. Kenntnis der Marinen Mollusken in West-Europ. Pliocänbecken. Haag, 1912. Av. carte. gr. in-4to. br.   3.60

Mededeel. v. d. rijksopsporing van delfstoffen, No. 4.

282. **Transactions** of the Asiatic Society of Japan. Yokohama, 1874—1912. T. I—XL. Av. tous les suppl. et table des t. I—XXIII. Av. pl. 8vo. dont I—XXII en 11 vol. d. veau, le reste en livr.   400.—

Précieuse série complète de ce périodique très estimé, contenant des contributions histor., géograph., botan., z o o l o g., ethnograph., linguist., etc. de E. Satow, W. E. Griffis, J. Edkins, Blakiston, Geerts, B. H. Chamberlain, Lacf. Hearn, J. C Hall, M. W. de Visser e. a.
Les t. XXV, XXXI et XXXIII—XL n'ont pas de titre et index, mais ils n'ont probablement jamais été publiés.

283. **Trouessart, E. L.,** Die geographische Verbreitung der Tiere. A. d. Franz. übers. von W. Marshall. Lpz. 1892. Av. 2 cartes. 8vo. toile.   1.75

Chap. 8: ...Süszwasserfische. — Chap. 10: ...Fische und Wirbellose.

284. **Tijdschrift, Natuurkundig,** voor Nederl.-Indië. Uitgeg. d. de Kon. Natuurk. Vereen. in Nederl.-Indië. Bat. 1851—1923. T. I—LXXXII, LXXXIII, 1—2 et tables des tom. I—LX. Ens. 85 tom. 82 vol. Av. pl. 8vo. dont 15 vol. en plein mar. rouge, richement doré, le reste d. mar. rouge (les dos sont unif.), tête dor. (le dernier t. en livr.).   750.—

Série complète, d'un périodique de toute importance pour la zoologie, la botanique, la géologie et la météorologie des Indes Orient. Néerl.
Superbe ex. Les exx. complets sont très rares, surtout en bel état.
Marque de bibliothèque sur les titres.

285. **Tijdschrift** der Nederl. dierkundige vereeniging. Red. A. A. v. Bemmelen, A. A. W. Hubrecht, e. a. Leiden, 1872—1922. Série I. 6 vol.; série II, t. I—XVIII. Av. les 2 suppl. de la 1re série et tables. Ens. 26 vol. Av. de nombr. pl. en couleurs et en noir. 8vo. 14 vol. br., le reste en livr. 100.—

286. **Vallisneri, A.**, Opere fisico-mediche stampate e manoscritte, racc. da Antonio suo figliuolo. Ven. 1733. 3 vol. Av. 76 pl. et ill. fol. vél.   40.—
    T. II, pp. 89—95: Nuova scoperta delle uova, ovaja, e nascita delle anguille. — T. II, 3e partie: De corpe marini .... descriz. di varj crostacei .... e segnatamente de pesci di mare.

287. **Verhandelingen** over de natuurlijke geschiedenis derNederl. overzeesche bezittingen door de Leden der Natuurk. Commissie in Indië en andere schrijvers. Uitgeg. d. C. J. Temminck. Leiden, 1839—44. 3 forts vol. Av. 4 cartes et 258 pl. lithograph., pour la plupart color. fol. d. veau. *Ex. grand de marges.*   200.—
    M. B., no. 2218. Zoölogie p. S. Müller, H. Schlegel, e.a. Av. 102 pl. color. et noir. — Botanique p. J. W. Korthals. Av. 70 pl. presque toutes color. — Ethnographie p. S. Müller. Av. 4 cartes et 86 pl. color. et noires. Epuisé.

288. **Veröffentlichungen** des Instituts für Meereskunde und des Geograph. Instituts an der Universität Berlin. Hrsg. von F. von Richthofen. Berlin, 1902—11. Fasc. 1—16. En 14 vol. Av. cartes et pl. gr. in-8vo. toile. (14—16 en 1 vol. d. rel.)   75.—

289. **Verrill, A. E.**, Monograph of the shallow-water starfishes of the North Pacific coast from the Arctic Ocean to California. Wash. 1914. 2 vol., dont 1 de 110 pl. gr. in-8vo. toile, tête dor.   15.—
    Smithson. Instit. Harriman Alaska series, XIV.

290. **Verslag** v. d. militaire exploratie van Nederl.-Nieuw-Guinee, 1907—15. Weltevreden, 1920. Av. 9 cartes et 176 ill. gr. in-8vo. toile.   15.—
    Pp. 349—401. Botanie, dierenwereld, geologie.

291. **Verslag, 6e, 9e—31e,** v. h. Kon. Zoöl.-Botan. Genootschap te 's-Gravenhage over 1868, 71—93. 's-Grav. 1869—94. 24 fasc. 8vo. cart. et br.   12.—
    Compte rendu de la Société Zoölog. et Botan. de la Haye, concern. ses animaux, ses terrains, son a q u a r i u m, etc.

292. **Vertèbres fossiles.** — 17 **Ecrits** p. O. P. Hay, Ch. W. Gilmore, R. L. Moordie, e. a. Wash. 1903—20. Av. ill. 8vo. br.   7.50
    T. à p. de Smithson. Instit. et U. S. Nat. Museum.
    Contient e. a.: **Ch. R. Eastman**, Fossil fishes in the collection of the U. S. National Museum. — **O. P. Hay**, A new fossil stickleback fish from Nevada. — etc.

293. **Volksboek, Practisch.** Museum van natuur, kunst en wetenschap. Uitgeg. onder medew. van Ali Cohen, Bleekrode, Winkler Prins e. a. Sneek, (v. 1860). 5 tom. 1 vol. Av. de nombr. figg. gr. in-8vo. d. mar.   2.50
    T. I, pp. 151—154: Paarlemoer en parelen. — T. III, pp. 163—171: **T. C. Winkler,** Kabeljaauw en de kabeljaauwvisscherij. — T. V, pp. 96—104: **Id.,** De aal. — etc.

295. **Vosmaer, G. C. J.,** Welke periodica zoologica kunnen in de Ned. openb. bibliotheken geraadpleegd worden ? 's-Grav. 1898. gr. in-8vo. br. (7.50)
                                                                             4.50
    Catalogue important, contenant une liste de tous les périodiques zoolog., qui se trouvent dans les bibliothèques publiques des Pays-Bas.

296. **Vrolik, A. J.,** Verbeening en de beenderen v. d. schedel der teleostei. Haarlem, 1872. Av. 5 pl. 8vo. toile.   1.75

Mart. Nijhoff, à La Haye. — Cat. No. 511

297. **Waalewijn, H. W.**, Bijdrage tot de histologie van den vischdarm. Leiden, 1872. Av. 1 pl. 8vo. br. 1.—
298. **Wagner, (H.)**, Natuurl. historie. N. h. Duitsch d. D. Horn. Zutphen, 1899. Av. de nombr. pl. en couleurs et 282 ill. gr. in-8vo. d. rel. (6.90) 3.—
300. **Weber, M.**, Süsswasserfische aus Niederl. Süd- u. Nord-Neu-Guinea. Leiden, 1913. Av. 3 pl. et 36 figg. gr. in-4to. br. 6.— Nova-Guinea, IX, 4.
301. — — and **L. F. de Beaufort**, Fishes of the Indo-Australian archipelago. Leiden, 1911—22. T. I—IV. 4 vol. 8vo. br. 36.35
302. **Weltall und Menschheit.** Geschichte der Erforschung der Natur und der Verwertung der Naturkräfte im Dienste der Völker. Hrsg. von H. Kraemer. Berlin, 1902—04. 5 vol. Av. cartes, pl. en couleurs et ill., dont plus. d'après d'anciennes grav. gr. in-8vo. d. veau. (Reliure de l'éditeur). (48.—) ˙30.—
    Contient e. a.: **W. Marshall**, Die Erforschung des Meeres. — **L. Beushausen**, Entwickelung der Tierwelt. — etc.
303. **Wenckebach, K. F.**, De embryonale ontwikkeling van de ansjovis. Amst. 1887. Av. 1 pl. 4to. br. *Extr.* 1.—
304. **Weijenburgh, H.**, Het geslacht xiphophorus heck. Amst. 1874. Av. 2 pl. 8vo. br. *Extr.* 1.—
305. — — Hypostomus plecostomus. Val. Mémoire anatom. pour servir à l'histoire naturelle des Loricaires. Cordoba, 1876. Av. 9 pl. 8vo. br. 1.50
306. **Wiedersheim, R.**, Vergleich. Anatomie der Wirbeltiere. 7e verm. Aufl. Jena, 1909. Av. 1 pl. en coul. et 476 figg. 8vo. d. veau. (14.—) 6.—
307. **Wilms, R.**, Sagitta mare Germanicum incolens. Berlin, 1846. Av. pl. 4to. br. 1.—
308. **Winkler, T. C.**, Nouvelles espèces de poissons fossiles du calcaire lithographique de Solenhofen. Haarlem, 1862. Av. 10 pl. 4to. cart. *T. à p.* (6.20) 3.—
309. — — Le belonostomus pygmaeus et 2 espèces de caturus. — **Id.**, Les dents de poissons du terrain bruxellien. — **Id.**, Etude carcinolog. sur les genres pemphix, glyphea, etc. — **Id.**, Gids op het strand. — etc. Haarlem, 1871—95. 7 pièces. Av. pl. 8vo. br. *Qq. t. à p.* 3.—
310. — — De gewervelde dieren v. h. verleden. Palaeontol. studiën in Teyler's Museum. Haarlem, 1893. Av. 72 ill. gr. in-8vo. br. 1.—
311. **Wijhe, J. W. van**, Het visceraalskelet en de zenuwen van den kop der ganoiden. Leiden, 1880. Av. 2 pl. 8vo. br. 1.—
312. — — Mesodermsegmente u. Entwickel. d. Nerven d. Selachierkopfes. Amst. 1882. Av. 5 pl. 4to. br. *T. à p.* 1.50
313. — — Studien über Amphioxus. I. Mund und Darmkanal während der Metamorphose. Amst. 1914. Av. 5 pl. gr. in-8vo. br. (Akad.) 2.50
314. **Zeitschrift** für Biologie. Hrsg. von W. Kuhne u. C. Voit. München, 1890—1900. T. XXVI—XXXIX. Av. pl. 14 vol. gr. in-8vo. dont 11 vol. cart., le reste en livr. 60.—
315. **Zentralblatt** für Zoologie, allgem. und experimentelle Biologie. Hrsg. von A. Schuberg und H. Poll. Lpz. 1912, 13. T. I, II. 2 vol. 8vo. En livr. 15.—

II. TRAVELS AND OTHER GEOGRAPHICAL DESCRIPTIONS CONTAINING INTERESTING NOTES RELATING TO FISH AND FISHERIES

(*See also: III. Whales and whale-fishery, IV. Pearl-fishery and VI. Angling, etc.*).

316. **Abreu, P. de,** Historia del saqueo de Cadiz por los Ingleses en 1596. Publ. con otras relaciones contempor. y documentos ilustrat. Cadiz, 1866. Av. 7 pl. lithograph. gr. in-8vo. veau espagnol.   10.—

Parmi les „otras relaciones" on trouve: Campoameno, Estado maritimo de Sanlúcar. — Copia de carte de Felipe II al duque de Medina Sidonia. — Fundacion del Colegio de la Compañía de Jesus p. J. de Arguyo. — etc. Les 7 planches représentent des vues de Cadiz en 1564 et en 1596, dont 6 d'après l'ouvrage latin de Jorge Bruin (Braun et Hogenberg, Civitates orbis terrarum). Sur 3 de ces planches on trouve-t-e. a. des scènes de pêcherie.

317. **Acosta, G.,** Historia naturale e morale delle Indie. Nellaquale si tratta-no le cose notabili del cielo, e degli elementi.... animali.... e guerre de gli Indiani. Trad. della lingua Spagnuola. Ven.,B. Baso, 1596. 4to. vél.   75.—

Bel ex. „Cette traduction est peu commune". Leclerc.
L. III, cap. XV: De diuersi pesci, e modi di pescare delli Indiani.

318. — — Historie naturael ende morael van de Westersche Indien. U. d. Spaenschen tale d. I. H. v. Linschoten. Enchuysen, J. Lenaertsz, 1598. pet. in-8vo. vél.   75.—

Première édition hollandaise très rare. Le titre est restauré et 1 f. de la préf. (conten. un sonnet) en facs.; du reste en parfait état.

319. — — Même ouvrage. Amst., H. Laurentz, 1624. Av. grav. s. bois. 4to. d. veau. (Rel. mod.)   50.—

2e et dernière édition hollandaise, ornée de nombr. grav. s. bois.

320. — — Histoire naturelle et moralle des Indes, tant Orientalles qu'Occi-dentalles, où il est traicté des metaux, plantes et animaux, moeurs, ceremonies, lois, etc. Trad. (du) Castillan p. R. Regnault. Ed. reveuë. Paris, 1600. 8vo. vél.   75.—

Leclerc, no. 11. 2e éd. de cette traduction. La 1re parut en 1598.

321. **d'Anania, G. L.,** L'universale fabrica del mondo, overo cosmografia, il cielo, e la terra, particol. le città, monti, laghi, etc. .... delle leggi, e costumi di molti popoli, de gli alberi, e dell'herbe, e d'altre cose, e medi-cinali. Ven. 1582. Av. 5 cartes se dépliant, représent. les deux hémi-sphères, l'Europe, l'Asie, l'Afrique et l'Amérique. 4to. vél.   90.—

P. 98: Carpioni pesci. — P. 114: Pesce spada come si pesca. — P. 164: Ossi de pesci chi ardeno come legna. — P. 175: Pesci senz'ossi. — P. 262: Caccia del pesci nel Quinsai. — P. 355: Balene come s'ammazano. — P. 362: Tibarini pesci grandissimi. — etc.
Une piqûre insignif. dans la marge inférieure.

322. **Anderson, J.,** Beschryving van IJsland, Groenland en de straat Davis. Bevatt..... de ligging, bronnen, vruchten en kruiden, visschen, de vischvangst der IJslanders, en hunne toebereiding der visschen, etc. levenswijze, etc. U. h. Hgd. d. J. D. J. Met de verbet. d. N. Horrebow.

Mart. Nijhoff, à La Haye. — Cat. No. 511

Amst., J. v. Dalen, 1756. Av. front., carte se dépliant et 5 pl. 4to. br., n. r. 35.—

Cette 2e édition considérabl. augmentée des corrections par Horrebow (158 pp.) n'est pas mentionnée par Tiele, qui ne cite que l'éd. de 1750. P. 244—286: Dictionariolum of Deensch, Hollandsch en Groenlandsch woordenboekse (en grammatica). Marque de bibliothèque sur le titre.

323. **Anson, G.**, Vierjarige reistocht naar de Zuidzee- of rondom de waereld .... met zes oorlogschepen, (1740—44). U. h. Eng. Delft, R. Boitet, 1745. Av. portrait. 4to. d. veau. 10.—

P. 10: Vliegende vischkens. — P. 118: Braassems, kabeljaauw, kreeften. — P. 163: Boniten. — P. 227: Peremuger of vrouwvisch. — P. 255: Goud en zilvervisch.

324. — — Même ouvrage. 3e dr. Verm. met een verhaal v. d. gevaren ondergaan door Is. Morris (van) 't oorlogschip De Wager, etc. Delft, R. Boitet, 1754. Av. portr. et 3 pl. 4to. dos de vél. 12.—

325. — — Reize rondsom de wereld, 1740—44 :... naar de Zuidzee. Uitgeg. d. R. Walter. U. h. Eng. 2e dr. Amst., I. Tirion, 1749. Av. 34 cartes et pl. p. F. de Backer. gr. in-4to. veau. 15.—

Autre récit de la même expédition de G. Anson. P. 117: Visschen. — P. 163: Boniten. — P. 199: Quibo is ryk van parelen. — P. 243: De torpedo.

326. — — Même ouvrage. Même édition. vél. 25.—

Magnifique ex. à grandes marges.

327. — — Même ouvrage. 3e dr. Leiden, Amst., J. Le Mair, e. a., 1765. Av. 35 cartes et pl. — **Id.**, Reize naer de Zuidzee, met het schip de Wager, 1740, zijnde een vervolg op de reize van Anson. U. h. Eng. Ibid., idem, 1766. Av. 8 jolies gravures p. N. van der Meer. — Ens. 2 tom. 1 vol. 4to. d. veau. 20.—

T. II, p. 33: Indiaensche vrouwen en derzelver wyze van visschen. — P. 180: Indiaenen, hunne wyze van visschen.

328. — — Voyage autour du monde, 1740—44. Publ. p. R. Walter. Trad. de l'angl. Amst. 1749. Av. cartes et pl. 4to. veau. 15.—

329. **Artificia** hominum miranda naturae, in Sina et Europa, ubi eximia, quae à mortalium profecta sunt industria, s. architectura spectetur, s. politia, et singularia .... conferuntur. Francof. ad M. 1655. Fort vol. de plus de 1500 pp. Av. titre gravé. 12mo. vél. 15.—

Pp. 1223—1255: Pisces.

330. **Barchewitz, E. Chr.**, Ost-Indianische Reise-Beschreibung, darinnen I Seine durch Teutsch- und Holland nach Indien gethane Reise; II Sein eilff-jähriger Auffenthalt auf Java, Banda und den Sudwester-Insulen, auch rare Gewächse, Bäume, Thiere, Aberglauben der Wilden, etc.; III Seine Rück-Reise. Chemnitz, 1730. Av. carte. pet. in-8vo. veau. 80.—

Edition originale, de grande rareté, de ce récit de voyage très intéressant. Pp. 48—49: Fliegende Fische, Albuvis, Courretten, etc. — Pp. 645—646: Heringfang. — Pp. 150—160: Fische (Ikan Baby, Curnutu, Daly Daly, etc.).

331. **Barlaeus, C.**, Rerum per octennium in Brasilia et alibi nuper gestarum sub praefectura Ill. Comitis I. Mauritii, Nassoviae, etc. Comitis, historia. Amst., J. Blaeu, 1647. Av. front., beau portrait p. Th. Matham et 58 belles cartes et planches doubles, dont plus. portent le nom du graveur F. Post. gr. in-fol. vél. doré, dor. s. tr. *Bel ex. dans sa reliure originale.* 450.—

Ex. bien complet, av. et toutes les planches et dont 2 pl. ont des particularitées qu'on ne trouve pas dans d'autres exx. Fort rare.

Mart. Nijhoff, à La Haye. — Cat. No. 511

P. 133: Pisces (Boope, Camurupi, Piraembu, etc.) — Pl. 28: Ostium flu-
minis Paraybae, d. Modus piscandi in litore.
Quelques pl. ont de très légères taches de papier.
332. **Barlaeus, C.,** Même ouvrage. d. veau. (Rel. mod., cassée).   300.—
333. — — Nederlandsch Brazilië onder het bewind van Johan Maurits,
Grave van Nassau, 1637—1644. Historisch, geographisch, ethnogra-
phisch. Naar de Latijnsche uitgave van 1647 voor het eerst in het
Nederlandsch bewerkt d. S. P. L'Honoré Naber. 's-Grav., M. Nijhoff,
1923. Av. titre gravé, portrait et 67 cartes et planches, reproductions
des anciennes gravures. fol. d. veau, non rogné.   225.—
Première édition hollandaise, augmentée de quelques cartes.
334. — — Même ouvrage. Relié en plein' vélin, ornements dorés sur les
plats, tr. dor.   275.—
335. **Barrère, P.,** Nouvelle relation de la France Equinoxiale, conten. la
description des côtes de la Guiane, de l'isle de Cayenne, le commerce de
cette colonie, les divers changemens arrivés dans ce pays et les mœurs
et coûtumes des différens peuples sauvages qui l'habitent. Paris, 1743.
Av. 3 cartes et 16 pl. pet. in-8vo. veau, dos doré.   25.—
Pp. 153—159: Chasse et pêche.
336. **Batavia,** in deszelfs gelegenheid, opkomst, voortreff. gebouwen, ge-
schied., koophandel, zeden, dieren en gewassen, enz. Amst.1782–83.4tom.
1 vol. Av. front., cartes, plans et pl. se dépliant 4to. d. veau, n. r. 25—.
T. IV, pp. 93—95: Visschen.
337. **Beaulieu, A. v.,** De rampspoedige scheepvaart der Franschen naar
Oost-Indien, onder A. v. Beaulieu met drie schepen uit Normandyen,
daar in de rampen hem overgekomen, beschrijv. der plaatsen, zijn han-
delingen met d'inwoonders, hun wetten, zeden en gewoonten.... in-
zond. der vorsten van Achem. U. (h.) Fr. d. J. H. Glazemaker. Amst.,
P. Arentsz, 1669. Av. 8 pl. 4to. vél.   40.—
Pp. 6—7: Wonderlijke kracht van zekere yisch met zijn hoorn. — P.
168: Vertrek van S. Vincent; overvloed van visch.
338. **Behr, J. von der,** Neun-jährige Ost-Indian. Reise (1641—50), meisten-
theils in Diensten der verein. geoctr. Niederl. Ost-Indian. Compagnie.
Auffsneue übers. und verbess. und mit C. Eiszlingens Italiän. Wegwei-
ser vermehr. Franckf. 1689. Av. front., portr. et 11 (au lieu de 15) pl.
4to. vél. *Bel. ex très grand de marges.*   40.—
Pp. 14—16: Fisch Hey. — P. 201: Fliegende Fische. (Av. pl.).
339. **Bellin, S.,** Description géograph. de la Guyane, conten. les possessions
et les établissements des François, des Espagnols, des Portugais, des
Hollandois, le climat, les productions de la terre et les animaux, leurs
habitans, leurs moeurs, etc. Av. des remarques pour la navigation. Pa-
ris, 1763. Av. titre gravé, 20 cartes et 10 pl. 4to. veau.   42.50
2e Partie, chap. I, Art. II: Quadrupedes, oiseaux, poissons, etc. (de la
Guiane espagnole). — Chap. II, Art. II: Idem (de la Guiane holland.).
340. **Berckenmeyer, P. L.,** Vermehrter curieuser Antiquarius, d. i. geograph.
und histor. Merckwürdigkeiten, in denen Europaeischen Ländern zu
finden. Z. 5en mahl aufgeleget und m. Anmerck. verm. Hamburg,
1720. Av. front. et 18 pl. 12mo. vél.   24.—
Parmi les pl. on y trouve une de „l'hostel roijal des Invalides", d'autres
représent. „Der Häring Fang", „Der Moskoe-strohm in Norwegen," etc.
341. **Berkel, A. v.,** Amerikaansche voyagien, behelz. een reis na Rio de Ber-
bice, gelegen op het vaste land van Guiana, aande Wilde-kust van
America, mitsg. een andere na de colonie van Suriname, ... met alle

Mart. Nijhoff, à La Haye. — Cat. No. 511

de byzonderheden noopende de zeden, gewoonten, en levenswijs der inboorlingen, boomen, aardgewassen, waaren en koopmanschappen, en andere aanmerkelijke zaaken. Amst., J. ten Hoorn, 1695. Av. front. et 2 pl. se dépliant grav. p. Luyken. 4to. d. veau. (Rel. mod.) 225.—
> Chap. I: .... Haayen, bonitos en vliegende visschen. Chap. VI: —
> .... Vreemde manier van visch braaden. — Chap. XV: Verscheid. soorten van vogelen, visschen, etc. aan Rio de Berbice. — Suriname, chap. II: Gelegenheid van de rivier Suriname, visschen in deselve. Wonderlijke eigenschap van de visch torpedo.

342. (**Bernardin de Saint-Pierre, J. H.**), Voyage à l'Isle de France, à l'isle de Bourbon, au Cap de Bonne Espérance, etc., av. des observat. sur la nature et les hommes. Amst. 1773. 2 vol. Av. front. et 5 jolies grav., dont 3 p. J. M. Moreau. 8vo. veau marbré. *Bel ex.* 20.—
> T. I, Lettre III: Poissonnerie de l'Orient .... Observat. sur les poissons et les écrivisses. — IV: Observ. sur la mer et les poissons. .... Du sommeil des poissons. Marsouins, dorades, baleines. — X: Des productions maritimes: poissons, coquilles, madrépores.

343. **Blibioteca histórica Filipina.** Madrid, 1892, 93. 4 vol. pet. in-4to. veau. 40.—
> I, 2, Trad. IV.: De los peces, mariscos, etc. de estas islas Filipinas.

344. **Biet, A.**, Voyage de la France equinoxiale en l'isle de Cayenne, entrepris par les François en l'année 1652. Paris, 1664. 4to. veau. (Dos légèr. endomm.) 90.—
> L. III, pp. 346—352: De la pesche.

345. **Bogaert, A.**, Histor. reizen door d'Oostersche deelen van Asia, de zeden drachten der inwoonders, en wat wegens dieren, planten, vruchten, enz. aanmerkenswaardig is: mitsg. een verhaal van den Bantamschen oorlog, het verdrijven der Francoizen uit Siam, en 't geen aan Kaap de Goede Hoop in 1706 is voorgevallen. Amst., N. ten Hoorn, 1711. Av. front. (monté), portr. et 15 cartes et pl. 4to. veau. 60.—
> Voyage intéressant et rare, surtout avec le portrait de l'auteur p. A. de Blois d'après D. v. d. Naes.
> Chap. VIII: Cabo de Goede Hoop .... visschen, etc. — L. II, chap. X: Ceilon .... Gevogelte, slangen, visschen en gesteenten.

Bosgoed, D. Mulder, V o i r I, n o. 44.

346. **Bosman, W.**, Nauwkeurige beschrijving van de Guinese Goud-Tand-en Slavekust, nevens alle desselfs landen, koningryken, en gemenebesten; van de zeeden der inwoonders, hun godsdienst.... mitsg. de gesteldheid des lands, veld- en boomgewassen, dieren, enz. Utr., A. Schouten, 1704. 2 tom. 1 vol. Av. front., portr. et 29 pl. 4to. vél. 75.—
> Première édition.
> T. I, p. 19: Oesters. — T. II, pp. 58—64: Vissen, waar van de menschen op de kust moeten leven, beschreeven.

347. — — Même ouvrage. 2e verm. dr. Amst., I. Stokmans, 1709. Av. front., portr., 2 cartes et 39 pl. 4to. veau. 60.—
> 2e édition augm. quant aux 2 cartes, aux planches et au texte.

348. — — Même ouvrage. vél. cordé. *Très bel ex. sur grand papier.* 75.—

349. **Bougainville, L. de,** Reis rondom de weerelt (1766—69). U. h. Fr. d. P. Leuter. Dordr. 1772. Av. 20 cartes et 1 pl. 4to. d. veau. *Joli ex-libris de J. G. Lafont.* 15.—
> Pp. 68—70: Visschen.

350. **Boüinais, A., et A. Paulus,** La Cochinchine contemporaine. Paris, 1884. Av. 2 cartes en couleurs. gr. in-8vo. br. (3.75) 2.50
> Pp. 378—381: Reptiles, batraciens et poissons. — Pp. 381—385: Invertébrés.

351. **Brand, A.**, Land en water-reys van 't gesantschap sijner Czaarsche Majesteyt uyt Muscouw na China, onder dess. ambassadeur Isbrand, door Groot-Vstiga, Siberien, Dauren, Mongalisch Tattaryen, etc. Met beschrijv. der natuerlijcke dingen van Rusland. Tyel, J. v. Leeuwen, 1699. 8vo. vél.. n. r. (Rel. mod.)   45.—
        P. 190: Visschen.

352. — — Relation du voyage de Evert Isbrand, Envoyé de S. M. Czarienne à l'Empereur de la Chine, en 1692, 93, et 94. Av. une lettre de Monsieur ***, sur l'état présent de la Moscovie. Amst., J. L. de Lorme, 1699. Av. front. et carte. pet. in-8vo. d. vél.   10.—

353. **Braun, G.**, et **Fr. Hogenberg**, Civitates orbis terrarum. Col. Agrip. 1579— 1618. 6 tom. 1 vol. Avec 6 titres gravés et 363 plans et vues de villes. gr. in-fol. vél. (Rel. mod.).   400.—
        Ouvrage topographique le plus important sur l'Europe du 16e siècle.
        Presque chaque plan ou vue est illustré de costumes, plusieurs aussi de scènes rurales (labourer, p ê c h e r, garder les brebis, etc.) au v°. se trouve la description imprimée.
        Le titre du t. I réemmargé, les plans d'Anvers et de Jéruzalem et 4 ff. de texte restaurés.
        Belles impressions des planches.

354. **Brissot, (Warville), J. P.**, Nouveau voyage dans les Etats-Unis de l'Amérique Septentrionale fait en 1788. Paris, 1791. 3 vol. Av. tabl. de statist. 8vo. veau marbré, dos doré.   25.—
        Contient e. a.: Pêcheries, huiles de baleines, etc.
        Le t. III porte un 2d titre: E. Clavière et J. P. Brissot, De la France et des Etats-Unis ou de l'importance de la révolution de l'Amérique pour le bonheur de la France.
        Légères piqûres au commencement du t. I.

355. **Brown, E.**, Naauwk. en gedenkw. reysen door Nederland, Duytsland, Hongaryen, Servien, Bulgarien, Macedonien, Oostenrijk enz. mitsg. van Venetiën na Genua. U. h. Eng. d. J. Dirkx. Amst. 1696. Av. front. et de nombr. pl. p. J. Luiken. 4to. veau.   15.—
        L. I, t. II, chap. XV: .... Parelvangst in de Iltzstroom. — L. II, t. I, chap. VI: Vischrykheyd der rivieren van Hongaryen. — L. III, t. I, chap. XIV: .... Menigte van visch in den Donau.

356. **Bruin, C. de**, Reizen over Moskovie, door Persie en Indie. Verrykt met 300 kunstplaten, vertoonende de beroemste lantschappen en steden .... beesten, gewassen en planten, oudheden, voornam. die van het hof van Persepolis. Amst., R. en G. Wetstein, 1714. Av. front., portr. et env. 300 cartes et pl. se dépliant. fol. vél. cordé.   60.—
        On y trouve e. a. de nombr. pl. de costumes, pl. d'arbres, de fruits, de p o i s s o n s, etc.
        Bel ex. sur grand papier.

357. — — Voyages par la Moscovie, en Perse et aux Indes Orientales. Ajouté la route qu'a suivie M. Isbrants, en traversant la Russie et la Tartarie, etc. Amst., Wetstein, 1718. 2 vol. Av. front., portr. et 320 pl. fol. d. veau. (Rel. légèr. endomm.). *Ex. sur grand papier.*   75.—

358. **Bry, de**, Collectiones peregrinationum in Indiam orientalem et Indiam occidentalem, a Th. et J. Th. de Bry et a M. Merian publ. Francof. 1590—1602. T. I—IX. Av. de nombr. cartes et pl. En 3 vol. fol. vél. dos en mar. (Rel. du 18e siècle).   800.—
        Ex. av. texte latin des tom. I—IX (la Xe partie ne parut que 17 ans plus tard) de la „Collection des grands voyages de de Bry", très rares.
        I. Description de la Virginie, pp. 21—22: Pisces; pl. XIII: Incolarum

Virginiae piscandi ratio; pl. XIIII: Crates lignea in qua pisces ustulant.
— II. Relation de la Floride, pl. XXIII: Ferinae, piscium, etc. illatio; pl.
XXIIII: Pisces, ferinam etc. ustulandi ratio. — III. Histoire du Brésil, p.
107: Quam sit exercitati .... in piscibus iaculis configendis; pp. 151—154:
Bonitae, alacorae et sues marini, piscesque volatiles .... sub Zona Torrida.
Av. ill.; pp. 190—194: De nonnullis piscibus apud Americanos vulgaribus,
deque eorum piscatu. — IV. Histoire du Nouveau Monde, pl. II: Pisces in
mari alati. — V. Idem, cap. XIII: Ova crocodilorum .... Manati pisces. —
VII. Voyage en Amérique d'Ulr. Faber, cap. II: Pisces volantes, Schaubhut
piscis, etc.; cap. XVIII: .... Descriptio mirandi piscis, etc. — IX. Descrip-
tion du Nouveau Monde, pp. 105—109: De diversis generibus et formis pis-
cium in India nascentium, pl. I: De Indorum mira piscationes ratione.— etc.

359. **Bry, de,** Même ouvrage. Francof. 1599. T. VII, VIII. Av. titre gravé,
carte et 17 (sur 18) pl. fol. br.   250.—
    T. VII et VIII des Grands voyages de de Bry.
    Beaux exx. de la première édition, grands de marges.

360. — — Même ouvrage. Francof. 1602. T. IX. Av. front., carte, blason et
39 pl. fol. veau, sans dos. (Rel. du temps.)   250.—
    T. IX des Grands voyages de de Bry.
    Ex. bien complet et grand de marges, mais bruni.

361. — — „Grosze Reisen." Oppenheim, et Francof. a. M. 1593—1620. T. I
—VI. 6 tom. 1 vol. Av. de nombr. cartes et pl. fol. veau.   700.—
    Traduction allemande des „Grands voyages" de de Bry, très rare.
    Ex. en très bon état, sans raccommodages et grand de marges.

362. — — Collectio peregrinationum in Indiam Orientalem à Th. et. J. Th.
de Bry et a M. Merian publ. Francof. 1598—1613. T. I—X. Av. de
nombr. cartes et pl. En 3 vol. fol. vél., dos en mar. *Bel ex. grand de mar-*
ges.   550.—
    Premières éditions des t. I—X de la „Collection des petits voyages" de de
    Bry. Ex. av. texte latin.
    IV. Voyage en Orient de J. H. van Linschoten, 3e partie, pp. 9—12: De
    piscibus et variis Indici maris animalibus caeteris; pp. 92—93: De .... non-
    nullis piscibus ad insulas Maldiuar apparere solitis; pl. IX: Apium quarun-
    dam ut et piscium nonnullorum navium in Indiam currentibus delineatio.
    — VI. Description de la Guinée, cap. XXXIIII: De piscatura, quibus
    instrumentis fiat, etc.; cap. XXXV: De forma sapore et qualitate piscium,
    qui in regionibus istis capiuntur; pl. IX: Repraesent. piscationum diurna-
    rum; pl. X: Idem nocturnarum. — VIII. Second voyage sous J. van Neck,
    pl. II: Delineatio piscaturae Ternatensis. — etc.

363. — — Même ouvrage. Francof. ad M. 1604. T. VI. Av. 26 pl. fol. cart.
Ex. grand de marges et très frais.   75.—
    Le t. VI des „Petits voyages" de de Bry.
    Quelques légères piqûres au commencement.

364. — — Ander Theil der Orientalischen Indien, von allen Völckern, Insu-
len.... so von Portugal.... Aphrica, bisz in Ost-Indien und zu dem
Lande China. Erstlich in Holländischer Sprach beschrieben durch Joan
Hugo von Lindschotten. Frankf. 1613. — Id., Dritter Theil Indiae
Orientalis darinnen erstlich das andere Theil der Schifffahrten Johann
Huygens von Lintschotten. Oppenheim, 1616. Ens. 2 tom. 1 vol. Av.
cartes et pl. fol. veau.   85.—
    T. II et III des „Petits Voyages" de de Bry, av. texte allemand.
    Les 9 cartes du tom. III manquent.

365. — — Sechster Theil der Orientalischen Indien. Beschreibung desz golt-
reichen Königreichs Guinea.... in Africa gelegen, ... Religion, Sitten
und Sprachen .... der Eynwohner .... Ausz Niederländ. (von P. de

Mart. Nijhoff, à La Haye. — Cat. No. 511

Marees) d. G. Arthus. Frankcf. a. M. 1603. Av. 26 pl. fol. vél. *Bel ex.*,
très frais.   150.—
   T. VI des Petits voyages de de Bry en traduction allemande. Première
édition. Très rare.

366. **Busbecq, A. G.,** Den kaizarlijkken Gezant A. G. Busbecq aan den groo-
ten Soliman. Vert. d. A. v. Nispen. Dordr., A. Andriessz, 1652. Av.
portr. et pl. 12mo. vél.   7.50
   Tiele, no 218. Pp. 91—92: Visschen.
   Le front. manque; le portr. colorié à la main.

367. — — Vermaarde Konstantinopolitaansche ambassade. Behelz. een be-
schrijv. der voorn. plaatsen van Hongarie, Bulgarie, Natolie, etc. Der
Turken zeeden, gewoonten, etc. Vert. d. A. v. Nispen. Dordr., A.
Andriesz, 1660. Av. front. et pl. 12mo. vél   12.50
   Nouvelle édition du no précédent.
   Joli ex.; seulement un coin de qq. ff. très légèr. taché d'eau.

368. **Byron e. a.** — **Relation** des voyages entrepris par Byron, Carteret, Wal-
lis et Cook, dans les vaisseaux le Dauphin, le Swallow et l'Endeavour.
Trad. de l'angl. Paris, 1774. 8 vol. 8vo. d. veau, dos dorés, n. r. *Bel ex.*
                                                25.—
   T. I, p. 206: Poissons dangereux pendant la navigation aux isles de Disap-
pointement. — T. III, p. 392: Poissons volans, holothuria physalis et
mollusques, pendant la traversée de Ténériffe à Boa Vista. — P. 442: Grande
quantité de poissons près de Rio Janeiro. — T. VI, pp. 68—71: Poissons
dans la Nouvelle Zélande. — T. VII: pp. 211—212: Poissons et coquilles de
la Nouvelle Hollande. — etc.

369. **Cabeza Pereiro, A.,** La isla de Ponapé. Geografia, etnografia, historia.
C. pról. de Weyler. Manila, 1895. Av. portrait, 13 cartes, dont plus. se
dépliant, pl., etc. gr. in-8vo. br.   12.—
   P. 57: Peces.

370. **Cape and Natal News.** Record of the progress of the South African colo-
nies. London, 1865—67. T. VII—IX (= nos. 112—183). fol. br.   60.—
   No. 136, p. 5: Freshwater fish in South Africa. Le no. 135 manque.

371. **Caron, Fr.,** Beschrijvinge van het machtigh Koninckrijcke Japan, ver-'
vatt. den aert en eygenschappen van 't landt, manieren der volckeren,
als mede hare grouwelijcke wreedtheydt teghen de Roomsche Christe-
nen. Amst., J. Hartgers, 1649. 4to. br.   70.—
   Pp. 18: Welcke lantsinkomste als mede de visscheryen ter zee, de parti-
culiere heeren van de Majest. gegeven wert, gelijk daar is de walvis vangst.

372. **Chardin, J.,** Journal du voiage en Perse et aux Indes Orientales, par la
Mer Noire et par la Colchide, qui contient le voiage de Paris à Ispahan.
Amst., J. Wolters en Y. Haring, 1686. Av. front., carte et 15 pl. pet.
in-8vo. vél.   15.—
   Ce volume correspond avec les pp. 1—216 du tome premier de l'édition
d'Amsterdam, 1711, que nous décrivons sous le no. 374. Le reste de ce vol.
(pp. 217—279) continue le Voyage à Ispahan. Le portrait manque.
   Pp. 87—88. Commerce de caviar et de poisson en Caffa.

373. — — Dagverhaal der reis na Persiën en Oost-Indiën door de Swarte zee
en Colchis. U. h. Fr. d. G. v. Broekhuizen. Amst., S. v. d. Jouwer, 1687.
Av. front., carte, portr. et pl. 4to. veau. *Ex. sur grand papier.*   25.—

374. — — Voyages en Perse et autres lieux de l'Orient. Amst., J. L. de Lor-
me, 1711. 3 vol. Av. front., 78 cartes et pl. 4to. veau, dos dor. *Bel ex.*
                                                56.—
   Première édition complète publiée par l'auteur lui-même.
   T. I, p. 35: Commerce du caviar. — T. II, chap. X: Des poissons.— T. III,
p. 91: Bassins d'eau, ou l'on conserve des poissons avec des boucles au nez.

375. **Chardin, J.,** Même ouvrage Nouv. éd. augm. d'une notice de la Perse, depuis les temps les plus reculés jusqu'à ce jour, etc. p. L. Langès. Paris, 1811. 10 vol. 8vo. Av. atlas. fol. d. veau.   30.—
> Cette édition a été publiée sur celles de 1711 et 1735. Elle est la plus complète.

376. **Charlevoix, de,** Histoire du Japon, de la nature et des productions du pays, du caractère et des coûtumes des habitants, du gouvernement et du commerce, des révolutions arrivées dans l'empire et dans la religion. Nouv. éd. Paris, 1754. 6 vol. Av. cartes et de nombr. pl. pet. in-8vo. veau.   35.—
> Meilleure édition de cet ouvrage intéressant.
> T. I, pp. 316—322: Des poissons et des coquillages. — T. V, pp. 31 et 34: Baleines.
> 1 Pl. avec tache d'encre.

377. **Clark, R. Sterling, and A. de C. Sowerby,** Through Shên-Kan. The account of the Clark expedition in North China, 1908—09. Ed. by C. H. Chepmell. London, 1912. Av. 2 cartes et 64 pl., dont 6 en couleurs. gr. in-8vo. toile. (15.—)   10.—
> *Contient e. a.:* Reptils, batrachians and fishes. — etc.

378. **Collection de voyages et description des pays explorés par les Hollandais.** Texte p. Ph. Baldaeus, H. Dapper et A. Montanus. Amst. 1668—88. 12 vol. Av. de nombr. portraits, cartes, plans et planches. fol. veau. (Qq. dos légèr. endomm.)   550.—
> **A. Montanus,** Beschryving van America en 't Zuid-land. Amst. 1671. Av. portr., cartes et pl.
> On y trouve aussi une vue de Nieuw Amsterdam.
> —— Gesantschappen der O. I. Maetschappy in 't Vereen. Nederland, aen de Kaisaren van Japan. Amst. 1669. Av. portr., cartes et pl.
> **J. Nieuhof,** Brasiliaense zee- en lantreize beneffens beschrijving van Neerlants Brasil. Amst. 1682. Av. cartes, portr. et pl.
> —— Gezantschap der Neederlandtsche O. I. Compagnie naar China. Amst. 1670. Av. cartes, portr. et pl.
> **Ph. Baldaeus,** Naauwkeurige beschryvinge van Malabar en Choromandel en het eyland Ceylon. Amst. 1672. Av. cartes, portr. et pl.
> **O. Dapper,** 2e en 3e Gezandschap (naar) Sina en beschryvinge van Sina. Amst. 1670. Av. cartes, portr. et pl.
> —— Asia, of naukeurige beschryving v. h. Rijk des Grooten Mogols. Amst. 1672. Av. cartes, portr. et pl.
> —— Naukeurige beschrijvinge der Afrikaensche gewesten. Amst. 1668. Av. cartes, portr. et pl.
> —— Beschryving van Syrie en Palestyn of Heilige Lant. Amst. 1677. Av. cartes. portr. et pl.
> —— Beschryving van Mesopotamie, Babylonie, Assyrie, Anatolie of Kl. Asie en Arabie. Amst. 1680. Av. cartes, portr. et pl.
> —— Beschryving der eilanden in de Archipel der Middelantsche Zee. Amst. 1688. Av. cartes, portr. et pl.
> —— Beschryving van Morea, eertijts Peloponnesus en de Eilanden, gelegen onder de kusten van Morea. Amst. 1688. Av. cartes, portr. et pl.

379. **Combés, F.,** Historia de Mindanao y Joló. Obra publ. en Madrid en 1667, y que ahora con la colabor. d. Pastells saca nuev. á luz W. E. Retana. Madrid, 1897. pet. in-fol. br.   10.—
> L. I, cap. VIII: De la isla de Basilan, y sus peces.

380. **Coreal, F.,** Voyages aux Indes Orientales, 1666—97. Amst., Paris, 1722 —85. 3 tom. 2 vol. Av. cartes et pl. pet. in-8vo. veau.   10.—
> T. I et III. Paris, 1785. T. II. Amst. 1722.
> T. I, pp. 204—205: Poissons.

381. **Cranz, D.,** Historie van Groenland, ligging, aart, zeden der inwoonderen
.... en in 't bijz. de verrichtingen der missionarissen van de broeder-
kerk. U. h. Hgd. Amst. 1767. 3 vol. Av. pl. 8vo. d. veau.   20.—
   M. B., no. 3442.

382. — — Même ouvrage. Amst. 1779. 3 vol. Av. pl. 8vo. br.   15.—

383. **Dampier, W.,** Nieuwe reystogt rondom de werreld, waarin beschreeven
.... de land-engte van Amerika, verscheydene kusten en eylanden in
Westindie, de eylanden van Kabo Verde .... van Chili, Peru, Mexiko
.... 't eyland Guam .... Mindanao, Formosa, Celebes, Sumatra, Kaap
van Goede Hoop, en Sante Helena. Mitsg. derz. gewassen, gedierten, en
inwooners, hunne gewoonten, handel, enz. (U. h.) Eng. d. W. Sewel.
's-Grav., A. de Hondt, 1698, 1700. 2 tom. 1 vol. Av. 2 front., 10 cartes et
13 pl. p. J. Luiken. — **L. Wafer,** Nieuwe reystogt en beschryving van de
land-engte van Amerika, bergen, 't aardryk, de boomen, de beesten,
enz. Midsg. de Indiaansche inwoonders, hunne zeeden, werk, beeste-
jagt, taal, enz. U. h. Eng. n. W. Sewel. Ibid. 1700. Av. carte et 4 pl. —
En 1 vol. 4to. vél.   60.—
   T. I, p. 33: Paerlvisschery. — P. 48: Shark, zekere visch. — P. 47: Zuig-
   visch. — P. 65: Klipvisch of kabeljauw. — Pp. 104—105: Katvisch. — P.
   123: Paarloester. — P. 125: Klam, zekere oester. — P. 176: Joodevisch. —
   T. II, p. 165—166: Garvisch, ray, platte visch. — Wafer, pp. 51—53: Van
   de visch.

384. — — Le premier tome de l'ouvrage de Dampier seul. 's-Grav., A. de
Hondt, 1698. Av. titre gravé et 7 pl. p. C. Luyken et 6 cartes. 4to. vél.
                                                          24.—
   Premières impressions des gravures.

386. — — Même ouvrage. 3e éd. augm. Amst., Vve de P. Marret, 1711—12.
5 vol. Av. front., cartes et pl. pet. in-8vo. veau, dos dor. *Joli ex.*   35.—

387. **Dapper, O.,** Gedenkwaerdig bedryf der Nederl. O. Ind. Maetschappye
op de kuste en in het Keizerrijk van Taising of Sina; behelz. het tweede en
derde gezandschap. Beneff. beschryv. van geheel Sina. Amst., J. v.
Meurs, 1670. 2 tom. 1 vol. Av. front., carte, 39 pl. et de nombr. ill. fol.
d. bas., n. r. *Bel ex.*   50.—
   M. B., no. 757.

388. — — Asia, of .... beschryving van het rijk des Grooten Mogols, en een
groot gedeelte van Indiën .... Beneff. Beschryving van Persie, Geor-
gie, Mengrelie, etc.; de benamingen, steden, gewassen, drachten, gods-
dienst, etc. Amst., J. v. Meurs, 1672. 2 tom. 1 vol. Av. titre gravé, 33
cartes et pl. et de nombr. ill. fol. vél. cordé.   35.—
   P. 14: Steurvangst aen de monden van den stroom Fasa.

389. — — Naukeurige beschrijvinge der Afrikaensche gewesten van Egyp-
ten, Barbaryen, Lybien, Guinea, Ethiopiën, etc. vertoont in steden, ge-
wassen, dieren, zeden, talen, rijkdommen, etc. 2en dr. Amst., J. v.
Meurs, 1676. 3 tom. 1 vol. Av. cartes, pl. et ill. fol. veau.   50.—
   T. I, p. 404: Visschen in Negros-lant. — T. II, p. 243: Cimbos of horentjes
   in Neer-Ethiopien. — P. 268: Visschen.

390. — — Umständliche Beschreibung von Africa, Egypten, Barbariën, Li-
byen, etc. zusamt deren Nahmen, Städten, Gewächsen, Sitten, Spra-
chen, etc. Amst., J. v. Meurs, 1670. Av. front., portr. de Chrétien V,
roi de Danemarc, 43 cartes et pl. et de nombr. grav. fol. vél. *Bel ex.* 50.—
   Cette édition allemande se rencontre fort rarement. Elle est dédiée au roi
   de Danemarc.

Mart. Nijhoff, à La Haye. — Cat. No. 511

391. **Dapper, O.**, Description de l'Afrique, contenant les noms, la situation et les confins de toutes ses parties, leurs rivières, leurs plantes et leurs animaux: les costumes, la langue etc. Trad. du flamand. Amst., J. v. Meurs, 1686. Av. grav. sur le titre, 14 cartes, 29 pl. et de nombr. grav. dans le texte. fol. veau. 35.—

392. **Du Halde S. J., J. B.**, Description géograph., histor., chronolog., politique et physique de l'empire de la Chine et de la Tartarie Chinoise. Nouv. éd. amél. La Haye, H. Scheurleer, 1736. 4 vol. Av. de nombr. cartes et pl. (e. a. de costumes) et musique. 4to. veau, dos dor. 40.—
M. B., no. 1173.

393. **Dumont,** Reyzen door de grootste gedeeltens van Europa en Asia, behelz. de beschrijv. der voornaamste steden, manieren van volkeren, religie, ceremoniën der Turken en Mohammedanen, enz. Utr., A. Schouten, 1699. Av. front. p. J. v. Vianen et 8 pl. 4to. d. veau. 15.—
Pp. 570—573: Visschen.

394. **Elbert, J.**, Die Sunda-Expedition des Vereins für Geographie und Statistik zu Frankfurt a. M. Frankf. a. M. 1911, 12. 2 vol. Av. 7 cartes et 61 pl. en couleurs et noires et 297 ill. 4to. br. (24.—) 15.—
T. II, pp. 315—327: **C. Popta,** Die geograph. Verbreitung der Süszwasserfische zwischen Asien und Australien.

395. **Fellechner u. A.**, Bericht über die bewirkte Untersuchung einiger Theile des Mosquitolandes. Berlin, 1845. Av. 2 cartes et 3 pl. lithogr. 8vo. toile orig. 24.—
Pp. 129—131: Fische. — P. 131: Mollusken. — Crustaceen.
Pas dans le commerce.

396. **Flacourt, de,** Histoire de la grande isle Madagascar. Av. relation de ce qui s'est passé ès années 1655—57. Paris, 1661. 2 tom. 1 vol. Av. cartes et pl. 4to. cart. 20.—
Chap. XXXIII: De la chasse et de la pesche.
Le front. et pp. 451—458 manquent. La marge supér. d'une partie des ff. est endommm.

397. **Freyer, J.**, Negenjarige reyse door Oostindien en Persien, haar regering, godsdienst, gewoontens, siektens, handel, etc. 1672—81. U. h. Eng. 's-Grav. 1700. Av. titre gravé, portrait p. J. Lamsvelt, 3 cartes et 7 pl. 4to. vél. 15.—
P. 6: Vliegende visschen. — P. 16: Benyten een zoort van visschen, die ontrent de Kaap gevangen worden. — P. 66: Visschen van een vreemde coleur. — P. 69: Visschen die de nagt verligteden. — P. 299: Oesters.

398. **Frezier,** Reis-beschryving door de Zuid-zee, langs de kusten van Chili, Peru en Brazil, 1712—14. M. beschryv. van de regeringe der Yncas, van Peru, voor den komst der Spanjaarden. Het eene u. h. Fransch, het andere uit verscheide schryveren d. I. Verburg. Amst., R. en G. Wetstein, 1718. Av. front., 19 cartes et 18 pl. 4to. d. veau, n. r. 40.—
P. 7: Vliegende visschen, haai omtr. eiland St. Vincent. — P. 11: Visschen aan de St. Catharinabaai. — P. 107: Visschen aan de kust van Valparaiso. (Av. ill.).

399. **Frikius, Chr., E. Hesse** en **Chr. Schweitzer,** Drie seer aenmercklijcke reysen naer Ost-Indiën, 1675—86. Bevatt. ook een bericht v. d. Bantamschen oorlogh, de staet der Sillidaische goudmijn op Sumatra enz. Vert. d. S. de Vries. Utr., W. v. d. Water, 1694. Av. front. et pl. 4to. br. 40.—
P. 12: Haaien. — Pp. 87—88: Oesters en parelvisscherij. — P. 300: Swaerdvisschen. — Pp. 386—389: Visschen.

400. **Froger,** Relation d'un voyage fait en 1695—97 aux cotes d'Afrique, détroit de Magellan, Brésil, Cayenne et isles Antilles. Amst., A. Schelte, 1699. Av. titre gravé et 28 cartes et pl. pet. in-8vo. d. veau.   40.—
Les jolies planches représentent e. a. la ville de St. Sebastien sur la rivière de Janeyro, la ville de St. Salvador, l'île de St. Thomas, des poissons, etc.

401. **Gironière, P. de la,** Aventures d'un gentilhomme breton aux îles Philippines. Avec aperçu sur la géologie, les habitants, le règne minéral, végétal et animal, l'agriculture, l'industrie et le commerce. 2e éd. Paris, 1857. Av. ill., grav. s. bois hors et dans le texte. gr. in-8vo. d. veau, tr. dor. (Qq. rousseurs).   6.—
Pp. 398—399: Poissons.

402. **Gonzales de Mendoça, J.,** Historia de las cosas mas notables, ritos y costumbres del gran reyno de la China, sabidas a si por los libros de los mesmos Chinas, como por relacion de los religiosos, y otras personas que han estado en el dicho reyno. Con un itinerario del Nuevo Mundo. Medina del Campo, Santiago del Canto, 1595. 8vo. vieux mar. noir, av. fermoirs, tr. dor.   500.—
Salvá t. II, p. 606. Un des plus rares et plus intéressants ouvrages sur la Chine.
Cap. XXI: De la manera de los navios que tienen, assipor la mar . . . . pescado para todo el año. — Cap. XXII: . . . . de una agradable e ingeniosa pesqueria que usan.
Un très légèr endommagement au coin supérieur du dos. Noms sur le titre.

403. — — Dell' historia della China. Trad. d. Spagn. da F. Avanzo. Parti due, divise in tre libri, ed in tre viaggi, fatti in quei paesi, da i Padri Agostiniani e Franciscani. Venetia, A. Muschio, 1586. pet. in-8vo. vél. souple. 75.—

404. — — Même ouvrage. Roma, V. Palagollo, 1586. 4to. d. vél.   40.—
Légèr. taché.

405. **Gottfriedt, J. L., (J. Ph. Abelin),** Newe Welt Vnd Americanische Historien. Inhaltende Warhafftige vnd volkommene Beschreibungen Aller West-Indianischen Landschafften, Insulen, etc. in diesem halben Theil dess Erdkreyses. Franckf. a. M. 1631. Av. front., 8 cartes et pl. et de nombr. ill. fol. vél.   175.—
Pp. 12—13: Von Fischen im höhen Meer (Hayen, etc.). Av. ill.
Ça et là des taches. Quelques marges un peu défraîchies.

406. **Govantes, F.,** Noticias y geografiá de Filipinas, en forma de dialogo y lecciones. Binondo, 1866. 4to. d. veau.   7.50
Leccion 18: Reine animal, crustaceos, conchas, pescados, etc.

407. **Graty, A. M. du,** La république du Paraguay. Brux. 1862. Av. cartes et pl. lithograph. 8vo. toile. 607 pp.   10.—
Pp. 350—352: Poissons, mollusques.

408. **Grosier,** Description générale de la Chine, conten. la description topograph., les productions variées de son sol, l'histoire naturelle, les moeurs, les arts, etc. Nouv. éd. Paris, 1787. 2 vol. Av. carte et 15 pl. 8vo. veau, dos dor.   24.—
Les pp. 385—644 du t. I traitent l'histoire naturelle (mines, métaux, fruits arbres, oiseaux, p o i s s o n s, etc.)

409. **Gumilla, J.,** Historia natural, civil y geográfica de las naciones situadas en las riveras del rio Orinoco. Nueva impres. corr. p. I. Obregón. Barcel. 1791. 2 vol. Av. portr., grande carte et 6 pl. 4to. veau.   50.—
Cette 2e édition est non seulement corrigée quant au texte, mais contient aussi 4 planches de plus.
T. I, cap. 21: Variedad de peces y singulares industrias de los Indios para pescar. — T. II, cap. 17: Peces ponzonosos y sangrientos.

410. **Gumilia, J.**, Histoire naturelle, civile et geograph de l'Orenoque. Des coûtumes des Indiens .... des arbres, fruits, herbes et des racines médicinales. Trad. de l'espagnol p. Eidous. Avignon, 1758. 3 tom. 1 vol. Av. carte se dépliant et 2 pl. pet. in-8vo. cart.   30.—

411. — — Même ouvrage. 3 vol. veau, dos dor.   40.—

412. **Hanway, J.**, Histor. account of the British trade over the Caspiañ sea, w. Journal of travels from London through Russia into Persia and back through Germany and Holland. W. the revolutions of Persia and the history of Nadir Kouli. 2d ed. rev. London, 1754. 2 vol. Av. 2 front. et cartes. 4to. veau.   18.—

> T. I, chap. XIX: Description of Astrachan and its fisheries and trade. — Chap. XXI: The method of curing caviar.

413. — — Reize van London door Rusland, nae en in Persie, en vandaer terug door Pruisen, Pomeren, Brandenburg .... de Nederlanden, 1743— 50. M. een histor. verhaal v. d. Britschen koophandel over de Kaspische Zee en den handel in de Levant. Amst. 1758. 2 vol. Av. cartes et pl. 4to. vél.   10.—

414. **Harleian Miscellany, The,** or a collection of scarce, curious and entertaining pamphlets and tracts, as well in ms. as in print. W. notes. London, 1744—46. 8 vol. 4to. veau.   30.—

> Collection très intéressante, contenant de tirés à part de 600—700 pamphlets et autres documents historiques relatifs à l'histoire de l'Europe pendant le 17e et 18e siècle, plusieurs desquels traitent de la pêche.
> M. B., no. 3232.

415. **Harris, J.**, Complete collection of voyages and travels. Consisting of above 600 of the most authentic writers, beginning with Hackluit, Purchas, Ramusio, Thevenot, De Brye, Herrera, Oviedo, and the voyages under the direction of the East-India Company in Holland. With other, whether publ. in Engl., Latin, French, Dutch, etc. Containing whatever has been observed in Europe, Asia, Africa and America in respect to the situation, soil, produce, manners of the inhabitants, their arts, buildings etc. W. introd., compreh. the rise and progress of the art of navigation. Revised with large addit. and contin., includ. partic. accounts of the manufactures and commerce. London, 1744, 48. 2 vol. Av. cartes, portr. et pl. fol. veau.   90.—

> Chap. II, sect. XIV: Account of the most remarkable fish and fowl in the East Indies.

416. **Hartsinck, J. J.**, Beschryving van Guiana of de wilde kust in Z.-Amerika. Aardrijkskunde en historie, zeeden en gewoonten, de dieren, vogels, boomen en gewassen, etc. Bezitt. d. Spanjaarden, Franschen, Portug. en Nederlanden, als Essequebo, Demerary, Berbice, Suriname. Amst. 1770. 2 vol. Av. carte et pl. 4to. d. veau.   35.—

> Ajouté le portrait de l'auteur.
> Chap. 13: Beschryving van de visschen en schulpgewassen.

417. — — Même ouvrage. 2 tom. 1 vol. veau.   50.—

> Ajoutés 5 dessins contempor. à l'encre de Chine, dessinés d'après nature p. Prudhomme, représent. des animaux et un arbre, dont il y a été fait mention dans l'ouvrage de Hartsinck, sav.: Woudezel, paauw, monki, z o n n e v i s, boom des levens.

418. **Hemmersam, M.**, West-Indianisk Reese-Beskriffning, 1639—45, fran Amsterdam till St. Joris de Mina, itt Castell i Africa. Nu in pawart

Swänska Spraak forwänd. Wijsingzborg, Joh. Kankel, 1674. 4to. br.
Ex. grand de marges.   100.—
D'une extrême rareté comme tous les livres imprimés à Wysingzborg.
Pp. 47—49: Visschen.

419. **Herberstein, S. zu,** Die Moscovitische Chronica. Das ist ein gründtliche
beschreibung oder Historia, desz mechtigen und gewaltigen Groszfürsten
in der Moscauw, sampt derselben Länder, ... Religion, Sitten,
Schlachten, etc. Erstl. d. P. Jovium dezsgleichen d. S. zu Herberstein
selbst persönlich erfahren und folgendts durch Pantaleon a. d. Lat. ins
Teutsch gebracht. Franckf., S. Feyerabendt, 1579. Av. grav. s. bois.
        P. 135: Viel Fisch in Ungarn. — Teysch sehr fischreich.
        Dans la même reliure:
— **Kellner, H.,** Chronica das ist: Warhaffte eigentliche und kurtze
Beschreibung aller Hertzogen zu Venedig Leben, was sich bey ihrer Re-
gierung zugetragen, wesz Geschlechts und Wapens ein jeder gewesen,
sampt iren Grabschrifften. A. d. Lat. u. Ital. Historienschreibern zu-
sammengebracht. Franckf., S. Feyerabendt, 1574. Av. 105 grav. s. bois
p. Jost Amman.
— **(Giannotti, D.),** Respublica das ist: Warhaffte eigentliche und
kurtze Beschreibung der herrlichen.... Statt Venedig. Franckf., S.
Feyrabendt, 1574.
— Ens. 3 ouvrages en 1 vol. fol. vél. souple. *Bel ex.*   125.—

420. **Herbert, Th.,** Zee- en lant-reyse, na verscheyde deelen van Asia en Afri-
ca: voorn. de rijcken van den Persiane, en den grooten Mogul. Beneffens
een verhael van den eersten vinder van America. U. h. Eng. d. L. v.
Bosch. Dordr. 1658. Av. front. et grav. 4to. d. veau.   40.—
        Tiele, no. 468. P. 3: Wreede visschen. — P. 182—183: Manatee of zee-
        koe. — Fenijnige paddevisch, torpedo of krampvisch. — P. 185: Groote
        palingen.

421. **Herbertson, A. J.,** and **O. J. R. Howarth,** Africa, incl. South Africa,
Rhodesia, Nyasaland, Britisch East Africa, Uganda, Somaliland, Anglo-
Egyptian Sudan and Egypt, Gambia, Sierra Leone, Gold Coast, Nige-
ria, Walfish Bay, with Mauritius a. o. islands in the Indian and Atlan-
tic Oceans. Oxford, 1914. Av. 5 cartes en couleurs, 31 pl. et 20 ill. 8vo.
toile.   9.—
        Pp. 91—92: Freshwaterfishes.

422. **H(erlein), J. D.,** Beschryvinge van de volk-plantinge Zuriname, verto-
nende de opkomst dier zelver colonie, de aanbouw en bewerkinge der
zuiker-plantagien, den aard der Indianen, als ook de slaafsche Afrikaan-
sche mooren.... de bosch-grond, water- en pluimgedierten, vrugten,
gommen, olyen en de gesteltheid v. d. Karaïbaansche kust. Leeuw., M.
Injema, 1718. Av. front., carte et 4 pl. 4to. d. vél. *Ex. très grand de
marges.*   60.—
        Chap. XII: Van de visschen en zee-gedrogten.

423. **Heyman, J. W.,** Gedenkwaardige, vermaakelyke, ... Deensche brie-
ven, w. i..... de reize en byzondere ontmoetingen van een Asiatisch
Prins genaamt Menoza, door verscheide.... gedeeltens der wereldt,
als Indien, Portugal, Spanjen, Italien, Vrankryk, Engeland, Holland,
Duitsland en Deenemarken.... voornam. om.... waare Christenen
te zoeken, dog.... zeer weinig gevonden.... maar w. i. ook .... het
        Mart. Nijhoff, à La Haye. — Cat. No. 511

merkwaard. . . . . zeden en gewoontens der inwoonders, etc. Leyden,
A. Honkoop, J. Hasebroek, 1749—71. 7 vol. gr. in-8vo. d. bas., n.r.30.—
    106e Brief: Tiende verhaal betr. de natuurlijke gesteldheid van Noor-
wegen, de visschen en visscherijen, alsm. de bloedelooze zee-dieren.

424. **Histoire** des découvertes faites par divers savans voyageurs (principale-
ment Pallas, Gmelin, Georgi, e.a.) dans plusieurs contrées de la Russie
et de la Perse, relat. à l'histoire civile et naturelle, au commerce, etc.
Berne, 1779. 2 vol. Av. 3 cartes et 17 pl. dont 4 coloriées. 4to. d. veau.
(Dos du t. I endommagé).   7.50
    T. I, pp. 62—63: Poissons de la rivière Wowneschka. — Pp. 164—174:
Poissons de la rivière Wolga. — P. 342—355: Pêche d'Astrakan. — etc.
Histoire des pêches. V o i r III, n o. 597.

425. **Historie, Hedendaagsche,** zynde een vervolg v. d. Algemeene historie d.
een gezelschap van geleerde mannen. U. h. Eng. Dl. XIV, 1. Historie
v. d. Afrikaansche eilanden, benev. Abyssinie. Amst., H. Schalekamp,
1784. Av. front. 4to. br., n. r.   5.—
    P. 102: Wijze van visschen.

426. **Houtman, C. de.—L(odewijcksz), G. M. A. W.,** Premier livre de l'histoire
de la navigation aux Indes Orientales par les Hollandois. . . . ensemble
les. . . . manieres de vivre des nations, par eux abordees. Plus les mon-
noyes, espices, drogues, etc. Amst., C. Nicolas, 1598. Av. carte sur le
titre, 48 grav. et de nombr. grav. s. bois dans le texte.
    Tiele, Mémoire, no. 113. P r e m i è r e   é d i t i o n   f r a n ç a i s e, de
grande rareté.
    Chap. 14: La continuelle persecution qu'endurent les poissons volants, et
des oiseaux divers et poissons qu'on voit en navigant aux Indes Orientales.
(Av. ill.).
    Dans la même reliure:
— **Nec, J. C.,** et **W. de Warwic,** Le second livre, journal ou comptoir,
contenant le vray discours et narration historique, du voyage fait par
les huit navires d'Amsterdam, mars 1598. — Appendice, vocabulaire
des mots javans et malayts, qu'avons mesmes escrits à Ternati. Amst.,
C. Nicolas, 1609.
    Tiele, Mémoire, 129. Edition française, très rare, du journal du second
voyage des Néerlandais aux Indes Orientales sous la conduite de v. Nec et
v. Warwyck.
— En 1 vol. veau. (Dos renouvelé).   600.—
    Très beaux exx. à toutes marges. Les exx. dans une telle condition sont
fort rares.

427. — — Prima pars descriptionis itineris navalis in Indiam orientalem,
earumque rerum quae navibus battavis occurrerunt: una cum particu-
lari enarratione conditionum, morum, oeconomiae populorum, quos ad-
navigarunt. . . . Amst., Corn. Nicolaj, 1598. Av. carte sur le titre, 48
grav. et de nombr. grav. s. bois dans le texte.
    Tiele, Mémoire, no. 112. P r e m i è r e   t r a d u c t i o n   l a t i n e.
E x. a v e c l a   g r a v u r e, r e p r é s e n t a n t l a f o i r e à B a n-
t a m, q u i m a n q u e p r e s q u e t o u j o u r s.
    Dans la même reliure:
— **Veer, G. de,** Diarium nauticum seu vera descriptio trium naviga-
tionum. . . . factarum a Hollandicis et Zelandicis navibus ad Septen-
trionem, supra Norvagiam, Moscoviam et Tartariam, versus Catthay et
Sinarum regna: tum ut detecta fuerit Weygatz fretum, Nova Zembla

    Mart. Nijhoff, à La Haye. — Cat. No. 511

.... quam Groenlandiam (annis 1594—96). Amst., C. Nicolas, 1598.
Av. grav. sur le titre et 31 cartes et grav. dans le texte.
Tiele, Mémoire, no. 95. Première édition latine, parue dans
la même année que l'édition originale hollandaise. Fort rare.
— En 1 vol. fol. Couv. de vél.   750.—
Très beaux exx., grands de marges. Petite restauration au coin du
titre de l'ouvrage de Houtman, sans atteindre le texte.

428. **Houtman, C. de.** De eerste schipvaart der Nederlanders naar O.-Indië
onder Corn. de Houtman, 1595—97. Journalen, documenten, e.a. be-
scheiden, uitgeg. en toegel. d. G. P. Rouffaer en J. W. IJzerman. I.
D'eerste boeck van **Willem Lodewijcksz.** 's-Grav. 1915. Av. front. et 2
portr. en héliogravure, 8 cartes et 47 pl. gr. in-8vo. toile, tête dor. 25.—
Les vol. qui suivront, contiendront d'autres journaux de ce même voyage
et des documents inédits.
Werken, uitgeg. d. de Linschotenvereeniging. VII.

429. **Jong, C. de,** Reize naar de Middellandsche Zee. 1777—79. — **Id.,** Tweede
reize naar de Middellandsche Zee, 1783—85. — **Id.,** Derde reize naar
de Middellandsche Zee, 1786—88. 2 vol. — Haarlem, 1806—12. 4 vol.
Av. portr. et pl. 8vo. d. veau. *Bel ex.*   20.—
T. I, brief III, p. 34: Zeebaars, zeeaal. — etc.

430. — — Reisen nach dem Vorgebirge der Guten Hoffnung, nach Irland
und Norwegen, 1791—97. A. d. Holl. Nebst Ammerk. und Anh. des
Uebersetzers, den Zustand der Brüdermission unter den Hottentotten
btreff. Hamburg, 1803. 2 vol. Av. 4 pl. 8vo. cart.   15.—
Traduction allemande, augm. et peu commune. A la fin on trouve une tra-
duction de D. v. Hogendorp, Nachricht v. d. gegenwärt. Zustande der Bata-
vischen Besitz. in Ostindien und den Handel mit denselben.
T. I, p. 25: Der Hayfisch. — P. 32: Simonsbay, Fischery, Romanfisch. —
T. II, pp. 41—45: Das Fischreiche Meer. — Nähere Beschreibung des Hay-
fisches. — P. 108: Klipfisch.

431. **Juan, G.,** et **A. de Ulloa,** Voyage histor. de l'Amérique méridionale. Con-
tient une histoire des Yncas du Pérou (Extrait de la trad. de Garcilaso
de la Vega) et des observat. astronom. et physiques. Paris, 1752.
2 vol. Av. 2 front. et 45 cartes et pl. 4to. d. veau.   12.50
L. III, chap. X, pp. 163—166: La pêche de la morue.

432. — — Voyage to South America. Fr. the Spanish w. notes and observat.
and account of the Brazils by J. Adams. 4th ed. London, J. Stockdale,
1806. 2 vol. Av. cartes et pl. 8vo. d. veau. *Bel ex.*   15.—

433. **Kaempfer, E.,** Beschryving van Japan. Ouden en tegenwoord. staat en
regeering.... tempels, paleysen, kasteelen.... metaelen, boomen,
planten, dieren, vogelen en visschen.... oorspronk. afstamming....
godsdienst, koophandel met de Nederlanders en Chineesen, benevens
beschrijv. van Siam. Amst., A. v. Huyssteen, 1733. Av. front., 48 cartes
et pl. fol. d. veau, n. r.   60.—
M. B., no. 1326.

434. — — History of Japan, tog. with a description of the kingdom of Siam,
1690—92. Transl. by J. G. Scheuchzer. Glasgow, 1906. 3 vol. Av. por-
trait, cartes, pl. et ill. en facs. gr. in-8vo. toile.   21.—

435. **Kampen, N. G. van,** De Levant of Mohammedaansch Azië, volgens de
nieuwste ontdekkingen. Haarlem, 1835. 3 vol. Av 3 pl. 8vo. cart.
                                                                  5.—
De aarde en hare bewoners, IV—VI. Ecritures sur les titres.
P. 111: Visch. — P. 172: Slangen, visschen, etc.

436. **Kerguelen Trémarec, de,** Relation d'un voyage dans la mer du Nord, aux côtes d'Islande, du Groenland, de Ferro, de Schettland, des Or-cades et Norwège; fait en 1767 et 1768. Paris, 1771. Av. 18 cartes et pl. 4to. veau. *Ex. grand de marges.*   38.—
      M. B., no. 3654.

437. **Kimayer, Th.,** Neu-eröfnetes Raritäten-Kabinet, Ost-West-Indian. und ausländ. Sachen, Darinnen Merckwürdigkeiten in China, Japan, Choro-mandel, Peru, Tartarien, etc., Heiraths-Ceremonien.... F i s c h e n-und Jägereyen, etc. Hamburg, 1705. pet. in-8vo. d. veau.   18.—

438. **Kircher S. J., A.,** China monumentis qua sacris qua profanis, nec non variis naturae et artis spectaculis ill. Amst., J. Janssonius à Waesberge, 1667. Av. front., portr., carte, pl. et ill. dans le texte, fol. veau fleurde-lisé. (Rel. fatiguée).   40.—
      T. IV, cap. IX: De piscibus maris et fluminum Sinensium.

439. **Knox, R.,** Histor. relation of the island Ceylon in the East-Indies. W. account of the detaining in captivity the author and divers other Englishmen now living there, and of the author's miraculous escape. London, 1681. Av. carte et 14 pl. intéressantes e. a. pour les coutumes, les métiers et les costumes. fol. veau. *Rare.*   80.—
      M. B., no. 1397.
      La partie infér. d'un f. (de la table seulement) est enlevée.

440. — — 't Eyland Ceylon in sijn binnenste, of 't koningrijck Candy ge-opend. Vert. d. G. de Vries. Utr. 1692. Av. titre gravé, carte et pl. 4to. vél.   25.—

441. — — Relation ou voyage de l'isle de Ceylan dans les Indes Orientales. Conten. description de son gouvernement, le commerce, les mœurs, les coûtumes, et la religion de ses habitants. Trad. de l'anglais. Lyon, 1693. 2 vol. Av. front., grande carte et 17 pl. pet. in-8vo. veau. (Dos légèr. endomm.)   30.—
      Très rare. Pas chez Tiele.

Kohl, J. E., Land und Leute der britischen Inseln. V o i r V I, n o. 939.
— — Land en volk der Britsche eilanden. V o i r VI, n o. 940.

442. **Kolb, P.,** Caput Bonae Spei hodiernum, das ist: Vollständige Beschrei-bung des Africanischen Vorgebirges der Guten Hofnung. Nürnb. 1719. 3 tom. 1 vol. Av. front., portrait et 24 cartes et pl. fol. veau ancien, dos doré, av. couronnes en or.   160.—
      XIII. Brief: Worinnen .... eine Nachricht von den Fischen welche sich in der Tiefe des Meeres, und bey dem vorgebürge der Guten Hofnung aufhalten. Reliure légèr. endomm., du reste bel ex.

443. — — Naaukeurige.... beschryving van de Kaap de Goede Hoop; be-helz.... een verhaal van den tegenw. toestant.... haven, regeerings-vorm...., nevens.... beschryving van het klimaat.... dieren...., planten....; waar by.... beschryving van den oorsprong der Hotten-totten. Amst., B. Lakeman, 1727. 2 tom. 1 vol. Av. portr., 6 cartes et 46 pl. fol. veau, dos doré.   225.—
      Cette édition hollandaise est la plus belle, surtout à cause des cartes spé-ciales de la colonie et des gravures remarquables.
      Ex. en très bon état.

444. — — Description du Cap de Bonne-Esperance, ou l'on trouve tout ce qui concerne l'histoire-naturelle, la religion, les moeurs et les usages des Hottentots, et l'établissement des Hollandois. Amst., J. Catuffe, 1742. 3 vol. Av. 5 cartes et 25 pl. pet. in-8vo. veau.   20.—

445. **Kolb, P.,** Même ouvrage. Paris, 1755. 3 vol. Av. 5 cartes et 25 pl. pet.
in-8vo. veau.   20.—

446. **Kracheninnikow, S.,** Histoire du Kamtchatka. Trad. du russe. Amst.,
M. M. Rey, 1770. 4 tom. 2 vol. Av. cartes et pl. pet. in-8vo. d. veau. 18.—
Vol I, pp. 66—67: Caviar. — Pp. 68—69: Jakoutes, leur façons de pré-
parer les poissons pour les manger. — Vol. II, pp. 209—257: Poissons,
baleines, barbues, saumons, etc.
Kreemer, J., Atjèh. V o i r VI, n o. 941.

447. **Labat,** Voyage du Chevalier des Marchais en Guinée, isles voisines et à
Cayenne en 1725—27. Paris, 1730. 4 vol. Av. 31 cartes et pl. pet. in-8vo.
veau.   12.—
T. I, pp. 51—53: Poisson monstrueux (av. pl.). — P. 197: Poisson appellé
diable. — Pp 198—199: Raye appellé diable. — T. II, pp. 23—24: Poisson
extraord. appellé lune (av. pl.).— Pp. 24—27: Description du poisson appellé
singe (av. pl.) — T. III, chap X: Des poissons de mer et de rivière (de
Cayenne).

448. — — Nieuwe reizen naar de Franse eilanden van America (1691—1705).
Behelz. de natuurlyke historie van die landen, zeden, godsdienst. . . .
beneffens de oorlogen etc. Vert. d. W. C. Dijks. Amst., B. Lakeman,
1725. 4 tom. 2 vol. Av. 2 front., 10 cartes et plans et 84 pl. 4to. veau, dos
dor. *Très bel ex.*   45.—
La plus grande partie de l'ouvrage est consacrée à l'histoire naturelle des
îles françaises en Amérique av. de nombr. planches de plantes et d'animaux.

449. **Lacalle y Sánchez, J.** de, Tierras y razas del Archipiélago Filipino. Ma-
nila, 1886. gr. in-8vo. br. *Av. dédicace autographe.*   7.50
Pp. 131—132: Peces.

450. **La Condamine, De,** Relation abrégée d'un voyage fait dans l'intérieur de
l'Amérique méridionale, depuis la côte de la Mer du Sud, jusqu'aux
côtes du Brésil et de la Guiane, en descendant la rivière des Amazones.
Paris, 1745. Av. carte. 8vo. veau.   12.50
Pp. 154—158: Poissons.

451. **Laet, J.** de, L'histoire du Nouveau Monde ou description des Indes Oc-
cidentales. Leyde, Elzevier, 1640. Av. 14 cartes et 54 grav. s. bois. fol.
veau. (Dos endomm.)   180.—
Willems, no. 497. Edition française, excessivement rare.
L. XV, chap. XII: Poissons marins. — Chap. XIII: Poissons crustacés et
testacés. — Chap. XIV: Quelques poissons de rivière. — etc.

452. **Lambert, J.,** Travels through Canada, and the United States of North
America, 1806—08. W. biograph. notices and anecdotes of some of the
leading characters in the United States. 2d ed. London, 1814. 2 vol. Av.
carte et pl. color. et teintées. 8vo. veau.   45.—
Pp. 76—78: Fish in the St. Lawrence.

453. **Leguat, F.,** De gevaarlijke en zeldzame reyzen van Fr. Leguat met zyn
gezelschap naar twee onbewoonde Oost-Indische eylanden, 1690—98.
Alsm. hun driejarig bannissement op een rots in zee; en hoe zy buyten
verwagting naar Batavia gevoerd wierden. Utr., W. Broedelet, 1708.
Av. front., 3 cartes et 4 pl.
P. 6: Vliegende visschen. — Pp. 14—15: Walvissen. — Pp. 48—49: Zee-
koe, zeepaling, etc.
Dans la même reliure:
— **Beschryvinge** van eenige voorname kusten in Oost- en West-Indien:
Zueriname, Nieuw-Nederland, Florida, van 't eyland Kuba, Brazil,
Suratte, Madagascar, Batavia, Peru en Mexico. Van haar gelegentheid
aart en gewoonte dier volkeren, etc. Leeuw., M. Injema, 1716. Av. front.

Mart. Nijhoff, à La Haye. — Cat. No. 511

— **Mocquet, J.**, De grote nieuw-bereisde wereld: begrypende zes reizen, zo na Lybien, d'eilanden van Kanarien en Barbaryen, Stroom der Amazonen, Karipouzen en Karibanen, na Marocco, Moren-land, Ethiopien, Mozambique en Goa, Syrien, 't Heilig Land en Spanjen. 2e dr. Leeuw., I. Klasen, 1717. Av. front. et 3 pl.   En 1 vol. 4to. vél. *Bel ex.* 150.—

454. — — Reisen und wunderliche Begebenheiten nach zweyen unbewohnten Ost-Indischen Insuln. Nebst Erzehlung der merckw. Dinge auf der Insul Mauritii, zu Batavia, an dem Cap der guten Hoffnung, auf S. Helena, etc. Frankcf. 1709. Av. front. et 31 cartes et pl. pet. in-8vo. peau de truie estamp., av. fermoirs.   45.—

455. **Le Maire,** Voyages aux isles Canaries, Cap-Verd, Senegal, et Gambie sous M. Dancourt, directeur general de la companie roïale d'Affrique. Paris, 1695. Av. carte et 5 pl. pet. in-8vo. veau ancien.   28.—

   P. 157—158: La maniere de pecher (chez les nègres). — Leur négligence à conserver le poisson.

456. **Le Mascrier,** Beschryvinge van Egipte; de aardrykskunde van dat land, gedenktekenen, zeden en godsdienst der inwooners, koophandel, dieren, boomen, gewassen, etc. Volgens de aanteek. van De Maillet. U. h. Fr. 's-Grav. I. Beauregard, 1737. 2 tom. 1 vol. Av. carte, portr. et 7 pl. 4to. vél.   7.50

   T. II, p. 80: Visschen.

457. **Leone Affricano, G.,** Descrizione dell' Affrica. (Publ. di G. Ramusio). Nuov. ed. Venezia, 1837. Av. portrait de Ramusio. gr. in-8vo. br.   2.75

   Parte VIa, § XLI: Pescara. — IXa, § XLV: De pesci. — Ambara pesce. — etc.

458. **Le Vaillant,** Reize in de binnenlanden van Afrika, langs de Kaap de Goede Hoop. U. h. Fr. d. J. D. Pasteur. Amst. 1791. 5 vol. Av. carte et de nombr. pl. 8vo. d. veau.   20.—

   T. I, p. 27: Blennius capensis, klipvisch. — T. III, p. 80: Stompvisch. — T. V, pp. 394—398: Echeneis remora.

459. **Linschoten, J. H. v.,** Voyagie, ofte schip-vaert van by Noorden om langes Noorwegen, de Noortcaep, Laplant, Vinlant, Ruslandt, de Witte Zee, de Custen van Candenoes, Svvetenoes, Pitzora, etc., door de Sträte ofte Engte van Nassau tot voorby de revier Oby.... Met de afbeeldtsels van alle de custen, hoecken, landen.... ende d'ander merckelicke dingen meer.... Fran., G. Ketel, 1601. Av. beau titre gravé et 15 belles cartes en double format, p. J. et B. Deutecum. fol. Plein mar. bleu poli, dent. intér., tr. dor. (*R. Petit*). *Très bel ex.*   1000.—

   Tiele, Mémoire, no. 155. **Edition originale, de très grande rareté,** de la description des deux premiers voyages vers le Nord, entrepris par les Hollandais pour trouver le passage par l'est. J. H. van Linschoten y prit part et en donne une description exacte et intéressante. Il n'en existe que 2 éditions, toutes les deux très rares.
   Voir pour l'importance du texte et des cartes géographiques, surtout: Reizen van J. H. van Linschoten naar het Noorden (1594—1595). Uitgeg. d. S. P. L'Honoré Naber. (Linschoten-Vereeniging t. VIII, 1914).
   P. 4: De Russchen murmureren, omdatse (by Kilduyn) sonder consent lagen en vischten. — P. 7: Walvisschen in de haven van Toxar. — P. 22v°: Walvisschen blasen 't water om hooghe, teycken van een stormweer. — etc.

460. — — Même ouvrage. Amst., I. Evertsen Cloppenburg, 1624. Av. beau titre gravé et 15 belles cartes en double format, p. J. et B. Deutecum. fol. d. vél. (Rel. mod.)   400.—

   Tiele, Mémoire, no. 156. 2e édition.
   Une carte et un coin d'une autre en facsimile.

Mart. Nijhoff, à La Haye. — Cat. No. 511

461. **Linschoten, J. H. v.**, Même ouvrage. Uitgeg. d. S. P. L'Honoré Naber.
's-Grav. 1914. Av. 16 facs. d'anciennes cartes et pl. gr. in-8vo. toile, tête
dor.   18.75
   Réimpression, av. introd. importante, annotat. et documents.
   Werken, uitgeg. d. de Linschoten-Vereeniging. VIII.

462. — — Journael van de derthien-jarighe reyse, te water en te lande na
Oost-Indien, inhoud. de beschryvinge der selver landen en zee-kusten
. . . . Mitsg. 't leven en kleedinghe der inwoonders en Portugesen ma-
nieren. Amst., G. J. Saeghman, (v. 1670). Av. portrait, carte et de
nombr. grav. dans le texte. 4to. cart.   100.—

463. — — Itinerario. Voyage ofte schipvaert naer Oost ofte Portugaels In-
diën, 1579—92. Uitgeg. d. H. Kern. 's-Grav. 1910. 2 vol. Av. 3 cartes, 1
portr. et 5 pl. gr. in-8vo. toile, tête dor.   25.—
   Werken, uitgeg. d. de Linschotenvereeniging. II.

464. — — Histoire de la navigation de J. H. de L. . . . aux Indes Orientales.
Cont. diverses descriptions des lieux jusques à présent descouverts par
les Portugais: observat. des costumes etc. . . . . Av. annot. de B. Paluda-
nus. . . . 2e éd. augm. — **Le grand routier de mer** . . . . contenant une
instruction des routes et cours qu'il convient tenir en la navigation des
Indes Orientales etc. — **Description** de l'Amérique et des parties d'icelle
comme de la Nouvelle France, Floride, des Antilles. . . . etc. — Amst.,
E. Cloppenburch, 1619. 3 tom. 1 vol. Av. portr., 6 cartes et 36 pl.
   Tiele, Mémoire, no. 87. Edition française, rare.
   Les très grandes cartes de l'ouvrage de v. Linschoten sont toutes très
   proprement montées sur toile. Ex. tout à fait complet avec la rare deu-
   xième carte de l'île de Sainte-Hélène: Vera effigies et delineatio Insulae
   Sanctae Helenae. On y trouve, outre le grand plan de la ville de Goa, un
   plan réduit de cette ville, qui est ajouté.
   Le chap. 48 du t. I contient: Des poissons et monstres marins des Indes.
   Dans la même reliure:
   — **Herrera, A. de,** Description des Indes Occidentales, qu'on appelle
   aujourdhuy le Nouveau Monde. Transl. d'Espagnol. Adjoustees quel-
   ques autres descriptions des mesmes pays, avec la navigation de Jacques
   le Maire, et de plusieurs autres. Amst., M. Colin, 1622. Av. titre gravé,
   17 cartes et 5 grav.
   L'ex. de Herrera est très beau, presque non rogné. Le portrait de Herrera,
   ne pas indiqué dans la table, mais qui y est ajouté quelquefois, n'y est pas.
   En 1 vol. fol. veau. (Rel. mod.). *Bel ex.* 450.—

465. — — Tertia pars Indiae Orientalis, qua continentur 1°. secunda pars
navigationum in Orientem susceptarum, et maxime situs illarum regio-
num, et in his insularum, fluminum, riparum, portuum etc. 2°. Naviga-
tio Hollandorum in insulas Orientales, Javan et Sumatram. 3°. Tres
navigationes Hollandorum in modo dictam Indiam per Septentrionalem
seu Glacialem Oceanum. In Lat. transl. a B. Strobaeo. Francof., de Bry,
1601. Av. cartes et pl. fol. br.   25.—
   Cette partie traite e. a. du Natal et des îles de Madagascar, Ste-Hélène,
   Ascension, Canaries, Açores. (P. 34: Pisces volantes).
   Manquent la carte hydrograph. de Java, la pl. de l'Isle d'Ascension et la
   pl. LVIII avec au v° la carte de Nova Zembla.

466. — — Pars quarta Indiae Orientalis qua primum animalia, arbores,
aromata seu species et materialia. . . . describuntur, cum annotat. B.
Paludani; secundo, novissima Hollandorum in Indiam Orientalem na-

vigatio ad veris anni 1598. Ex Germanico latin. donata a B. S. Silesio.
Francof., de Bry, 1601. Av. 21 pl. fol. br.   20.—
   Pp. 9—12: De piscibus Indici maris. — Pp. 92—93: De volucribus et
   piscibus ad insulam Maldiuar. — Pl. II: Quae ab Hollandis in insula Mau-
   ritii tum visa tum gesta sunt. — Pl. IX: Avium quorundam et piscium
   nonnullorum delineatio.
   Manque pl. 4.

467. **Lithgouw, W.**, 19 Jaarige lant-reyse uyt Schotland, naer de vermaerde
koninckrijcken Europa, Asia ende Africa. Amst., J. Benjamijn, 1652.
Av. front. gravé p. C. de Pas, 1 pl. et 6 figg. dans le texte. 4to. vél.40.—
   Première édition de la traduction hollandaise. P. 182: Vliegende visschen.

468. **Livingstone, D.**, Explorations dans l'intérieur de l'Afrique australe et
voyages à travers le continent, de 1840—56. Trad. p. Mme H. Loreau.
Paris, 1859. Av. portr., carte et pl. 8vo. br. (10.—)   3.—
   Pp. 83—84: Poissons de la Zouga. — Pp. 272—273: Poissons chez les
   Makololo.

469. **(Loveringh, J.)**, Histor. en natuurk. lente-reis door Z. en N. Holland en
een gedeelte van Utrecht. Amst., J. Loveringh, 1768. 2 tom. 1 vol. 8vo.
d. veau, n. r.   9.—
   Pp. 402—404: Visschen.

470. **Luillier**, Voyage aux Grandes Indes. Av. instruction pour le commerce
des Indes Orientales. La Haye, J. Clos, 1706. Av. front. 12mo. vél. 24.—
   Pp. 11—14: Balaines, bonites, requins, morues, diables (poissons ronds,
   une corne à la tête), etc.

471. — — Même ouvrage, sous le titre: Nouveau voyage aux Grandes Indes,
avec instruction pour le commerce des Indes Orientales, l'histoire des
plantes et des animaux. Av. traité des maladies partic. aux pays Orien-
taux et de leurs remèdes. Rott., J. Hofhout, 1726. Av. front. pet.in-8vo.
veau. *Bel ex.*   30.—

472. **Macoun, J.**, Manitoba and the greath North-West: the field for invest-
ment; the home of the emigrant, being a complete history of the coun-
try. W. the educational and religious history of Manitoba and the
North West. Guelph, 1882. Av. cartes et pl. gr. in-8vo. toile. (687 pp.)
                                                                        10.—
   Chap. XXII: Notes on reptiles, fishes and insects.

473. **Mactaggart, J.**, Three years in Canada. Account of the actual state of
the country in 1826—28, compreh. its resources, productions, ... state of
society, advice to emigrants etc. London, 1829. 2 vol. 8vo. d. veau. 15.—
   Pp. 126—127: Chub-fish. — Pp. 130—131: Lake salmon. — etc.

474. **Mallet, A. M.**, Beschreibung des gantzen Welt-Kreises, darinnen eine
Vorstellung der Sphaerae, des alten und jetzigen Asiae, Africae, Europae,
wie auch der Austral. Länder und Americae. (A. d.) Frantzös. A°. 1684
übers., jetzo verm. Franckf. a. M. 1719. 5 vol. Av. 650 portr., cartes et
pl. 4to. vél. *Bel ex.*   35.—
   Contient e. a.: Beschreib. der Wasser, von denen Fischen, Schiffen, Galleen
   u. a. Fahrzeugen (e. a. 9 pl. de vaisseaux et une de la pêche des perles).
   Dans le t. III on trouve 1 pl. „Die Stadt Loanga", qui n'a pas un no. et qui
   n'est pas mentionnée dans la table; au contraire on n'y trouve qu'une pl.,
   portant le no. 97, tandisque, selon la table il y faudrait être deux.

475. **Mandelslo, J. A. de**, Voyages célèbres et remarquables, faits de Perse
aux Indes Orientales. Conten. une description de l'Indostan.... des
îles et presqu'îles de l'Orient, de Siam, du Japon, de la Chine, du Congo,
etc. Publ. p. A. Olearius. Trad. p. A. de Wicquefort. Nouv. éd. augm.

Amst., M. Ch. Le Cene, 1727. 2 tom. 1 vol. Av. cartes, portrait, pl. et
grav. dans le texte. fol. veau.   60.—

P. 209: Guzzarate, ses poissons de rivière et de mer. — Pp. 619—621: Les
hayes, poissons marsouins, poissons volans, etc.

476. **M(arecs), P. D.**, Beschrijvinghe ende histor. verhael vant Gout Koninck-
rijck van Guinea, anders de Goutcuste de Mina genaemt, leggende in
het deel van Africa, met haren gelooven, opinien, handelinghen, enz.
Amst., M. Colijn, 1617. Av. titre gravé et 20 pl. 4to-obl. dos de vél.
(Rel. mod.)   300.—

Cap. 29: Hoe datse visschen .... ende wat soorten van visch datse op de
custe vanghen. — P. 68—69: Van den haey, vande bruyn-visschen.

477. —— Même ouvrage. Uitgeg. d. S. P. L'Honoré Naber. 's-Grav. 1912.
Av. grande carte et 21 pl. d'après d'anciennes grav. gr. in-8vo. toile,
tête dor.   12.50

Werken, uitgeg. d. de Linschoten-Vereeniging. V.

478. **Marsden, W.**, History of Sumatra, contain. an account of the govern-
ment, laws, customs, and manners of the native inhabitants, w. descrip-
tion of the natural productions, etc. 3d ed. London, 1811. Av. carte se
dépliant et 1 p. d'alphabet et 1 vol. de 27 pl. Ens. 2 vol. gr. in-4to. d.
veau.   50.—

M. B., no. 1598.

479. **Martin, R. M.**, History of the British possessions in the East Indies.
London, 1837. 2 vol. Av. carte et vues sur la ville de Calcutta et Ma-
dras. pet. in-8vo. toile.   2.75

T. I, pp. 205—207: Ichthyology.

480. **Martinez de Zuniga, J.**, Estadismo de las Islas Filipinas, ó mis viajes por
este pais. Publ. por primera vez, extens. anot. p. W. E. Retana. Ma-
drid, 1893. 2 vol. 8vo. br.   15.—

Chap. IV: ...La pesca del tongmalogco. — Chap. X: ...La ratonera. — El
pescado dalag. — Otras pescados. — Chap. XV: ...Pescados y moluscos.

481. **Martyr ab Angleria, P.**, De rebus Oceanicis et Novo Orbe, decades III.
Item eiusdem de Babylonica legatione et item de rebus Aethiopicis,
Indicis, Lusitanicis et Hispanicis opuscula .... Damiani à Goes.
Coloniae, G. Calenius et haer. Quentel, 1574. pet. in 8vo. cart.   75.—

Leclerc, no. 27. P. 39: Novum piscandi genus.

482. **Matthiolus, P. A.**, Commentarii in sex libros Dioscoridis de medica
materia. Adj. magnis, ac novis plantarum, ac animalium iconibus,
super priores editiones longè pluribus. C. locupl. indicibus; etc. Ven.,
Valgrisi, 1565. Av. portrait et de nombr. grav. s. bois. fol. d. veau.
                                                                 100.—

M. B., no. 1611. Le titre monté; qq. taches d'eau.

483. **Mendez Pinto, F.**, Wunderliche und merkwürd. Reisen .... durch Eu-
ropa, Asia und Africa, und deren Königreiche und Länder, als Abyssina,
China, Japon, Tartarey, Siam .... Pegu, Bengale, Ormus .... Cauchen-
china, etc. Ins Hochteutsche übers. Amst., H. u. D. Boom, 1671. Av.
front. et 11 pl. 4to. peau de truie estamp. *Bel ex.*   95.—

Dans la même reliure: **Neitzschitz, G. Chr. von**, Sieben-jährige und gefähr-
liche Weltbeschauung durch die vornehmsten drey Theil der Welt Europa,
Asia und Africa. Budissin, 1673. Av. front.
P. 229 et 348 (de l'ouvrage de N.): Fische mit Flügeln. — P. 360:
Fischfang.

484. **Merula, G.,** Nuova selva di varia lettione. Trad. di Lat. Venetia, G. A. Valuassori, 1559. Av. figg. s. bois dans le texte. pet. in-8vo. vél. souple. (Dos endomm.)   17.50

    L. III, chap. 27: De pesci cattivi. — Chap. 28: De pesci salsi. — Chap. 29: De pesci dolci. — Chap. 30: Hist. di certi pesci, degna desser letta. — etc.

485. **Michelena y Rojas, F.,** Viajes cientificos en todo el mundo, (1822—42), ... la Oceania, China, India y Arabia, Africa, Francia, Turquia, Canada, Estados Unidos, Mejico, Venezuela, Ecuador, Peru, etc. Madrid, 1843. Av. cartes, portr. et pl. lithograph. gr. in-8vo. d. veau.   20.—

    Pp. 187: Pesca del carei. — Pp. 287—288: Peces.

Mission Pavie Indo-Chine, 1879—95; V o i r I, n o. 192.

486. **Montanus, A.,** Gedenkwaerdige gesantschappen der O. I. Maetschappy, in Nederland, aen de Kaisaren van Japan. Beschrijving van de dorpen, steden, landschappen, dragten, dieren, gewasschen, enz. .... vereeuwde en nieuwe oorlogs-daeden der Japanders. Amst., J. v. Meurs, 1669 Av. front., carte et de nombr. pl. et figg. fol. vél.   50.—·

    M. B., no. 2675. Première édition, ayant les gravures en meilleures épreuves. Front. monté, sauf cela bel ex.

487. — — Denckwürdige Gesandtschafften der Ost-Indischen Geselschaft in den Verein. Niederländern an unterschiedl. Keyser von Japan. Darinnen Beschreibung der Dörfer, Städte, Götzendienste, Thiere, Gewächse und itzigen Kriegsthaten der Japaner. Amst., J. Meurs, 1669. Av. titre gravé, carte, 24 pl. et de nombr. ill. fol. vél. cordé.   40.—

    Première traduction allemande de l'histoire des premières ambassades holland. aux empereurs japonais.
    Bel ex., ayant l'ex-libris gravé de Joh. Bern. Nack, „civis et mercator Francofurtensis", 1759.

488. — — De nieuwe en onbekende weereld: of beschryving van America en 't Zuyd-Land, vervaetende d'oorsprong der Americaenen en Zuidlanders, gedenkwaerdige togten derwaerds, gelegenheid der vaste kusten, eilanden, steden .... bergen, stroomen, huisen, beesten, boomen, planten en vreemde gewasschen. Amst., J. v. Meurs, 1671. Av. front., portraits, 16 cartes, 32 pl. et de nombr. grav. dans le texte. fol. vél. cordé.   275.—

    Cet ex. porte une vign. sur le titre au lieu d'une grav. emblémat., tandisque les noms des planches sont imprimés dans la table d'un autre ordre, et le titre gravé ne porte pas l'adresse de l'éditeur. Enfin il ne contient pas le portrait de Jean-Maurice de Nassau et la dédicae. Tiele n'a pas vu des exx. av. ces variantes.
    P. 118: Visch adhothuis. — P. 157: Visjen abacatuaia (av. ill..) — P. 185: Bonite. — P. 194: Becune een vreeselijke visch. — P. 379: Vreemde vissen. — etc.

489. **Mossman, S.,** Japan. London, 1880. Av. carte et pl. 8vo. toile.   1.—

    Pp. 237—239: Fish.

490. **(Moubach, A.),** Tegenwoordige staat van Groot Rusland, vertoont in d'ontzachlijke onderneemingen van Peter Alexewitz; bestaande in 't afschaffen der aloude zeden en gewoontens zijner onderdaanen. Amst., J. Oosterwyk, 1717. Av. front. pet. in-8vo. br., n. r.   6.—

    Pp. 66—67: Visschen (bolluga, citera, etc.).

490a. **Moya y Jimenez, F. J. de,** Las islas Filipinas en 1882. Estudios histór., geogr., estadist. y descript. Madrid, 1883. 8vo. br.   3.50

    P. 149: La pesca.

491. **Müller, S.,** Bijdr. tot de kennis van Nieuw-Guinea. Physische ge-
steldheid, statistiek en ethnogr. bezitneming der kust. Leiden,
1839—44. Av. carte et 12 pl., dont 5 en couleurs. fol. br. *Extr.*   10.—
Pp. 24: Visschen. — Pp. 25—27: Mollusca.

492. **Muller, W. J.,** Africanische Reise-Beschreibung, worinnen viele Selt-
zamkeiten von Menschen, Thieren, Bäumen, Gewächsen, Bergwercken
etc. Aus acht-jähriger Reise-Erfahrung beschrieben. Hamburg, (v.
1675). Av. front. et 5 pl. pet. in-8vo. d. vél.   48.—
Le front. porte le titre: Die African. Landschaft Fetu. Nürnberg, 1675.
Pp. 219—240: Von Fischereyen.

493. **Mundy, Peter,** Travels in Europe and Asia, 1608—34. Ed. by R. C.
Temple. London, 1907—19. 3 tom. 4 vol. Av. cartes et pl. 8vo. toile. 45.—
T. II, p. 16: Sharke, pilate and sucking fishes (av. pl.). — Pp. 331—332:
Toad fish, flying fish, etc. (av. pl.).
Works issued by The Hakluyt Society. 2d series, XVII, XXXV, XLV,
XLVI.

494. **Münster, S.,** Cosmographia, d. i.: Beschreibung der gantzen Welt, darin-
nen aller Monarchien, etc. Beschaffenheit. Aller Keysern, etc. Leben
und Genealogien, aller Völcker Sitten, Nahrung, aller Ländern Thier,
Vögel, Gewächs, Metall etc. Auff das newe übersehen, sonderl. mit
einer Beschreib. Asiae, Africae, Americae verm. Basel, Henricpetri,
1628. Fort vol. Av. beau titre gravé, conten. e. a. le portrait de l'auteur,
cartes et grav. s. bois. fol. peau de truie estamp., av. fermoirs.   120.—
P. 256: Delphin ein wunderbarer Fisch. — P. 1533: Carmania (Bewohner
sind Fischfresser).
A la fin quelques piqûres insignifiantes.

495. — — Cosmographiae universalis ll. VI in quibus.... describ. omnium
habitabilis orbis partium situs, ppriae atque dotes.... Omnium gen-
tium mores, leges.... etc. Bas., ap. H. Petri, 1550. 1 tom. 2 vol. Av.
titre dans un encadrement gravé s. bois, portrait, plus. cartes et plans
se dépliant et de nombr. ill. dans le texte, tous grav. s. bois p. H. Hol-
bein, e. a. fol. peau de truie estamp. (sans fermoirs).   120.—
Première édition latine.
Au commencement et à la fin quelques légères taches et piqûres, du reste
ex. en bon état. Une carte manque.

496. **Murray, H., a. o.,** Narrative of discovery and adventure in Africa from
the earliest ages to the present time: w. illustr. of the geology, minera-
logy, and zoology. 2d ed. Edinb. 1832. Av. grav. s. bois. pet. in-8vo.
toile.   4.50
Chap. XXI: Natural history of the reptiles, fishes, shells, etc. of Africa.

497. — — Histor. and descript. account of British India. 2d ed. Edinb. 1833.
3 vol. Av. carte et 33 grav. s. bois p. Branston. pet. in-8vo. toile.   7.50
T. III, chap. IV: The reptiles and fishes of India.

498. **Narborough, J., a. o.,** Account of several late voyages and discoveries
to the South and North. Towards the Streights of Magellan, the South
Seas, the vast tracts of land beyond Hollandia Nova, etc., also towards
Nova Zembla, Greenland or Spitsberg, Groynland or Engrondland,
etc. By John Narborough, Jasmen Tasman, John Wood and Frederick
Marten of Hamburgh. W. large introd. and suppl., giving an account
of other navigations to those regions. London, 1694. Av. 2 cartes, 19
pl. et 1 tabl. des vents. 8vo. veau.   90.—
Edition originale, rare.
Parmi les planches on y trouve e. a. 4 de plantes et 4 d'oiseaux de Spitz-
bergen, 1 d'une baleine, 1 concern. la pêche à baleine, etc.

Pp. 55—70 du 4e voyage: Of the plants of Spitzbergen. — Pp. 113—129: Of the fishes, etc. — Pp. 130—144: Of the whales. — Pp. 145—156.— Of the severways of catching whales.

499. **Neck, J. v., en W. v. Warwijck,** Waerachtigh verhael van de schipvaert op Oost-Indien ghedaen by de acht schepen, onder admirael Jacob van Neck, en Vice-admirael Wybrand van Warwijck, van Amsterdam gezeylt in 1598." (M.) de voyagie van Sebald de Weert, naer de Strate Magalanes. Amst., J. Hartgers, 1648. Av. vign. sur le titre et 1 grande pl. en 6 divisions. 4to. vél. (Rel. mod.)   75.—

Tiele, Mémoire, no. 131.

P. 7: Hoe de Indianen de walvisschen vangen. — P. 32: Vreemde maniere van visschen.

Ex. très grand de marges.

500. —— Journael van de tweede schip-vaert op Oost-Indien, gedaen by acht scheepen, onder J. v. Neck en W. v. Warwyck, van Amsterdam ghezeylt in 1598. Amst., G. J. Saeghman, (v. 1663). Av. grav. s. bois dans le texte. 4to. cart.   50.—

Tiele, Mémoire, no. 133. P. 4 contient une représentation de la pêche.

501. —— The journall, or dayly register, contayning a true manifestation and historicall declaration of the voyage, accomplished by eight shippes of Amsterdam .... which sayled from Amsterdam the first day of march, 1598, shewing the course they kept. London, 1601. Av. grav. s. bois sur le titre. pet. in-4to. Plein mar. rouge poli, dor. s. tr. (*Rivière & Son*).   800.—

Cette traduction anglaise, parue dans la même année que l'original hollandais, est encore d e b e a u c o u p p l u s r a r e que l'édition hollandaise.

502. **Nieuhoff, J.,** Het gezantschap der Neêrl. Oost-Indische Compagnie aan den grooten Tartarischen Cham, den tegenw. Keizer van China, waarin de gedenkwaerd. geschied., die onder het reizen door Quantung, Nanking, Peking etc. zijn voorgevallen, beneff. beschrijving der Sineesche steden, dorpen, zeden, godsdiensten, gewassen, dieren, etc..... en oorlogen tegen de Tarters. Amst., J. v. Meurs, 1665. Av. front., portr., cartes, pl. et ill. fol. veau. (Dos légèr. endomm.)   50.—

M. B., no. 2862.

Ex. grand de marges. Reliure un peu défraîchie.

503. —— Même ouvrage. Amst., Wolfgang, Waasberge, e. a., 1693. Av. front., portr., carte, pl. et ill. fol. vél. cordé. *Bel ex.*   60.—

M. B., no. 2682. Adelung, Uebersicht, t. II, p. 331.

504. —— Gedenkweerdige Brasiliaense zee- en lantreize beneffens een beschrijving van gantsch Neerlants Brasil, zoo van lantschappen, steden, dieren, gewassen, enz. en inzonderheit een verhael der merkwaardigste voorvallen die zich van 1640 tot 49 hebben toegedragen. — Zee- en lantreize door verscheide gewesten van Oostindien.... beneffens een beschrijving van lantschappen, steden, dieren, gewassen, draghten, zeden, enz., een verhael van Batavia. Amst., J. v. Meurs, 1682. Av. front., portrait, 4 cartes, 45 très belles pl. et de nombr. ill. dans le texte. fol. vél. *Ex. sur grand papier.*   125.—

Pp. 268—280: Visschen en zeegedrochten. Av. 5 pl.

505. —— Même ouvrage. vél. cordé. *Très bel ex.*   100.—

506. —— Même ouvrage. fol. veau.   75.—

Mart. Nijhoff, à La Haye. — Cat. No. 511

507. **Noble, J.,** The Cape and South-Africa. Cape-Town, 1878. Av. carte. 8vo.
cart.   3.50
    Chap. VI: Mammals, birds, fishes, etc.

508. **Nordenskiöld, A. E.,** Vegas färd kring Asien och Europa. Jemte en
historisk ofterblick pa foregaende resor länhs gamla verldens Nordkust.
Stockholm, (1880). 2 vol. Av. portrait, cartes et pl. gr. in-8vo. d. veau,
tête dorée.   12.—
    Ouvrage fort intéressant pour la connaissance des peuples du Nord de
    l'Asie et du Japon.
    Les planches représentent e. a. des oiseaux, poissons, plantes, etc.

509. **Olaus Magnus,** Historia de gentibus septentrionalibus. Antv., Chr.
Plantin, 1558. Av. de nombr. petites grav. s. bois. pet. in-8vo. peau de
truie estamp.   60.—
    Ruelens en de Backer, no. 6. Plusieurs gravures sont intéressantes pour
    la manière de faire la guerre (e. a. av. représent. de canons), la chasse,
    l a p ê c h e, etc. Au commencement la plupart des gravures est plus ou
    moins coloriée.
    Contient e. a : L. XX: De piscibus. — L. XXI: De piscibus monstrosis.

510. — — Même ouvrage. Basil., Ex offic. Henricpetrina, (à ʼla fin) 1567.
Av. carte se dépliant et de nombr. ill., grav. s. bois, dans le texte. fol.
ais en bois, le dos recouv. de peau de truie estamp., les plats de vél., av.
fermoirs. *Bel ex. très frais.*   125.—

511. — — De wonderlijcke Historie vande Noordersche landen.... Inde
welcke int corte seer claerlijck verhaelt worden alle die verwonderlijcke
dingen en de groote nieuwicheden, diemen vindt inde selue Noorder-
sche landen. Nu eerst ouerghestelt wten Latijne in ons Nederlantsche
Duytsche sprake. Tantwerpen, M. Willem Siluius, 1562. Av. de nombr.
grav. s. bois. pet. in-8vo. veau. (Rel. mod.)   250.—
    P r e m i è r e é d i t o n de la traduction néerlandaise qui est restée long-
    temps inconnue. Tiele ne la mentionne pas; l'ex. que nous offrons est en très
    bonne condition, grand de marges et tout à fait complet. Le titre porte quel-
    ques inscriptions. E x c e s s i v e m e n t r a r e.

512. — — Gentium Septentrionalium historiae breviarium. L. B., A. Wijn-
gaerden, 1652. Av. titre gravé par C. de Pas, divisé en 9 parties. 12mo.
vél.   24.—
    L. XX: De piscibus. — L. XXI: De piscibus monstrosis.

513. **Overbeke, A. v.,** Geestige en vermaeckelicke reys-beschryvinge naer
Oost-Indien, 1668. Vervatt. verscheyde kluchtige voorvallen.... ge-
duer. sijn reyse van Amsterdam tot Batavia. Amst., J. Joosten, 1672.
4to. d. rel.   15.—
    P. 5: Vliegende viskens.

514. **Pallas, P. S.,** Voyages en différ. provinces de l'empire de Russie, et dans
l'Asie Septentrionale. Trad. de l'allem. p. Gauthier de La Peyronie.
Paris, 1788—93. 5 vol. 4to. Av. atlas de 124 pl. fol d. veau, n. r. *Bel
ex.*   25.—
    M. B., no. 4205.

515. **Pernety,** Journal histor. d'un voyage fait aux îles Malouïnes en 1763 et
1764 et de deux voyages au dédroit de Magellan avec une relation sur
les Patagons. Berlin, 1769. 2 vol. Av. cartes et pl. dont 3 représentent
des poissons. 8vo. br.   7.50
    P. 587: Adonis poisson volant. — P. 228: Balaou, poisson. — Pp. 264—
    265: Carangue, bar. — Pp. 602—603: Cornet. — P. 606—607: Bonite. — etc.

516. **Piccardo, A.,** Relatione del viaggio nel regno di Congo nell' Africa meridionale fatto dal P. Girolamo Merolla da Sorrento Cappuccino, missionario apostolico. Contin. variati clima, animali, frutti, vestimenti etc. Napoli, 1692. Av. front., armoirie et 18 pl. curieuses. pet. in-8vo. vél. souple.   40.—
   Pp. 82—83: Pesce donna e sua figura. Modo di pescarlo. — P. 275: Modo di pescare nel Porto d'Angoij.

517. **Pistorius, Th.,** Beschryvinge van de colonie van Zuriname, waar in de gelegenheid deezer volkplantinge, derzelver rivieren, kreeken, forten, waterwerken, deszelfs inwoonderen, de leevensmanier der slaaven, de vrugt- en andere boomen, en dieren; een berigt v. h. zuikerriet, zuiker- en koffy-plantagien, moolens alsm. een beschryvinge van de v i s s c h e n, etc. . . . . ; een verhaal van de moord aan van Sommelsdyk. Amst., Th. Crajenschot, 1763. Av. 4 pl. 4to. d. veau, n. r.   40.—

518. **Pococke, R.,** Beschryving v. h. Oosten, en van eenige andere landen (Egypte, Palestina, Syrië, Mesopotamië, etc.). U. h. Eng., m. aanteek. d. E. W. Cramerus. Utr. 1776. 6 tom. 3 vol. Av. plus de 200 cartes et pl. 4to. d. veau.   18.—
   M. B., no. 1823.

519. **Pontanus, J. I.,** Rerum et urbis Amstelodamensium historia. Amst., J. Hondius, 1611. Av. titre gravé, 7 cartes et pl. et 50 grav. dans le texte. fol. vél. *Bel ex.*   250.—
   Ouvrage très important pour l'histoire du développement du commerce des Hollandais aux Indes. Devenu rare.
   P. 192 contient une représent. de la pêche. — P. 199: Piscandi ratio in Ternate (av. ill.).
   Ex. complet en très bon état.

520. — — Historische beschrijvinghe der seer wijt beroemde coopstadt Amsterdam . . . . Opcomsten der stadt . . . . privilegien . . . . gheschiedenissen . . . . vergrootinghen . . . . handel ende verre reysen, enz. U. h. Lat. d. P. Montanus. Amst., J. Hondius, 1614. Av. 7 cartes et pl. et 51 grav. dans le texte. 4to. veau.   350.—
   C e t t e   t r a d u c t i o n   h o l l a n d a i s e   e s t   a u g m e n t é e   e t   d e   b e a u c o u p   p l u s   r a r e   q u e   l'é d i t i o n   l a t i n e.

521. **Potter, H.,** Lotgevallen en ontmoetingen op een mislukte reize naar de Kaap de Goede Hoop, 1804—06. Haarlem, 1806. 4 vol. Av. silhouette sur le titre et pl. 8vo. br., n. r.   12.50
   T. I, p. 120: Vliegende visschen.

522. **(Prévost),** Histor. beschrijv. der reizen of verzameling van de allermerkwaard. en seldzaamste zee- en landtogten, grondvestinge der Europeren in 't Ooste en 't Weste, stigtinge der befaamdste handeldryvende maatschappyen. U. h. Eng. 's-Grav. 1747—67. 21 vol. Av. portr., cartes et pl. 4to. d. veau, n. r.   70.—
   Aapvisch. — Aasdief. — Addervisch. — Bokvisch. — Bot. — Bruinvisschen. — Kopvisch. — Purloog. — Pegadores. — Vliegende visschen. — etc.

523. **Reisbeschrijvinge, Zeer gedenkwaardige en nauwkeurige historische,** door Vrankrijk, Spangie, Italien, Holland, Moscovien etc. behels. desselfs staaten, steeden, kercken, grafschriften, lusthuizen, enz. mitsg. de Indien, haar inkomsten, koophandel door de Hollanders, wisselbank, h a a r i n g v a n g s t. Leyden, 1700. Av. front. et 13 (sur 16) pl. grav. p. J. Lamsvelt. 4to. vél.   10.—
   Traduction libre de Cl. Jourdan. Voyages historiques de l'Europe. Paris, 1692—1700. Tiele, Bibl. No. 906.
   La préface manque.

524. (Reitz, J. F.), Oude en nieuwe staat van 't Russische of Moskovische Keizerryk, en deszelfs Groot-vorsten, m. beschryv. van dat ryk, zeden en godsdienst der inwoneren, opkomst, kunsten, land- en zeemacht, oorlogen, etc. Utr., J. Broedelet, 1744. 4 tom. 2 vol. Av. 3 cartes se dépliant une table et 3 pl. d'après J. C. Philips. 4to. d. veau, n. r. 25.—

T. I, l. I, pp., 133—138: Dieren en visschen in Siberië. — L. II, pp. 161—164: Rusland.... visscherij.

525. Reizen, Nederlandsche, tot bevordering van den koophandel na de meest afgelegene gewesten des aardkloots. Doormengd met vreemde lotgevallen, die de Nederl. reizigers hebben doorgestaan. Amst., P. Conradi, 1784—87. 14 vol. Av. 2 cartes et 62 pl. 8vo. d. veau.   40.—

T. II, p. 8: Vangen van een walvisch bij het eiland St. Maria. — T. IV, p. 178: Visch torpedo. — T. VI, p. 9: Boniten, doraden, haaijen, vliegende visschen. — T. IX, pl. 3: Walvischvangst te Firando, in Japan. — etc.

526. (Rennefort, S. de), Histoire des Indes Orientales. Paris, 1688. 4to. veau doré, aux armes de Louis XIV, av. super-ex-libris du „Collegium Flexiensis Soc. Jesu".   40.—

L. I, chap. X: Pesche abondante. Naufrage d'une chaloupe.

527. — — Gedenkwaard. historie van Oost-Indien, zijnde een beschrijving van alle des zelfs kusten, eylanden, en volkeren, hun godsdiensten, krijgskunde en oorlogen, zede, regering, kleeding, dieren, vrugten, v i s s e r ij e n, vreemdigheden, en zeltzame voorvallen. Rott., I. v. Ruynen, 1705. Av. titre gravé et 8 pl. grav. p. A. Schoonebeek. pet. in-8vo. vél.   17.50.

Rare. Cet ouvrage est le même qui est paru en 1696 sous le titre: Historie van Oost-Indien, etc. Rott., P. v. d. Slaart.

528. Richshoffer, A., Brassilian.- und West Indian. Reisse Beschreibung. Straszburg, 1677. Av. titre gravé, portrait de R. et 4 pl. pet. in-8vo. veau.   100.—

Extrêmement rare. Voir Wätjen, p. 20. Dans: Rodrigues, Catalogo annot. dos livros s. o. Brasil, on ne trouve que la trad. portug. de l'année 1897, publ. à Recife sous le titre: Diario de um soldado da Companhia das Indias Occidentaes, etc.

Dans la même reliure:

— **Cynaeae,** oder die am Bosphoro Thracico, ligende hohe Stein Klippen, mit Cypern und Candien, darinnen befindtl. Stätten, Thieren, Vöglen, F i s c h e n, Früchten, etc. Augspurg. 1687. Av. 27 (au lieu de 28) cartes et pl.

529. Rienzi, G. L. D. de, Océanie. Revue géogr. et ethnogr. de la Malaisie, la Micronésie, la Polynésie et la Mélanésie. Paris, 1836. 3 vol. Av. pl. 8vo. d. veau.   4.50

T. I, pp. 10—51: Coup d'oeil sur l'erpetologie, l'ichthyologie, etc.

530. Roggeveen, J., Tweejaarige reyze rondom de wereld ter nader ontdekkinge der onbekende Zuydlanden, in 1721 ondernomen, nevens de reyze van het O. I. schip Barneveld uyt Holland tot aan de Kaap der Goede Hoope in 1719. 2e dr. Dordr., H. de Koning, 1758. Av. front., carte et 4 pl. 4to. br.   40.—

P. 9: Vliegende vischkens.

531. Rosenberg, C. B. H. v., Reis naar de Z. O. -eil., 1865, op last der Regering van Ned.-Indië. 's-Grav. 1867. Av. pl. en couleurs. 8vo. br. *Epuisé.* 2.50

M. B.. no. 1959.

532. **Ross, J.**, Reizen naar Ysland en de Baffinsbaai, ontdekking van eene doorvaart ten N. W. van Groenland, 1818. N. h. Hgd. van W. Harnisch. 's-Grav. 1821. Av. carte et pl. 8vo. cart. orig., n. r. 3.50
Pp. 33—37: Vischvangst. — Pp. 61—65: Haaien.

533. **Saar, J. J.**, Ost-Indische 15-Jährige Kriegsdienste, und wahrhafft. Beschreibung was sich von 1644—59 zur See und zu Land in Eroberungen Portugäsen und Heydnischer Plätze.... begeben habe, am allermeisten a. d. Insul Ceilon. Nürnberg, 1672. Av. titre gravé, 1 pl., portr. et de nombr. grav. dans le texte. fol. d. vél. 80.—
Pp. 40—41: Hay ein grausamer Fisch.

534. **Sastrón, M.**, Filipinas. Pequeños estudios. Batangas y su provincia. Malabong, 1895. Av. carte. 8vo. d. rel. 7.50
Pp. 346—348: Peces.

535. **Scheffer, J.**, Histoire de la Laponie, sa description, l'origine, les mœurs, la manière de vivre de ses habitans, leur religion, leur magie.... av. plus. addit. Trad. du latin p. L. P. A. L(ubin). Paris, 1678. Av. front., carte, 20 pl. et qq. grav. dans le texte. 4to. veau. 45.—
Chap. XXX: Des oiseaux, poissons, etc.

536. — — Historie van Lapland. Ofte beschrijving van desselfs oorspronk.... gewassen, gedierten,.... der inwoonderen zeden, regeering, godtsdiensten, drachten, enz. Als ook.... kort bericht van den toestand der Finnen. Amst., J. ten Hoorn, 1682. Av. front. et 16 pl. p. Luyken. 4to. d. rel. 10.—
L. II, p. 107: Vischvangst. — L. III, chap. IV: Laplandsche vischvangst van salm, snoeken, baars, etc.
La carte manque. Le front. et 1 pl. monté.

537. **Schouten, W.**, Oost-Indische voyagie, vervatt. voorname voorvallen .... bloedige zee- en landtgevechten tegen de Portugeesen en Makassaren. Mitsg. beschrijv. der landen, wetten, zeden, godtsdiensten, costuymen, drachten, dieren, vruchten en planten, 1658—65. Amst., J. v. Meurs en J. v. Someren, 1676. Av. titre gravé, portrait, 43 pl. et quelques grav. dans le texte. 4to. vél. 50.—
Première édition.
P. 4: Vliegende visch, haay, bonyt, etc. — P. 70: Reyse naer Tamahoo. Groot heyrleger der visschen in zee gerescontreerd. — P. 71: Swaert-vis van bysondere groote gevangen.
Les marges infér. de qq. pl. trop courtes.

538. — — Même ouvrage. 3e dr. Amst., J. Hayman, 1745. Av. front. (monté) et 42 (au lieu de 43) pl. 4to. d. bas. 7.50
Le portrait manque.

539. — — Même ouvrage. 4e dr. Utr., Amst. 1775. 2 tom. 1 vol. Av. portrait, 4 cartes et 47 pl. 4to. d. veau, n. r. 22.—
Les cartes de cette édition ne se trouvent pas dans la première.

540. **Shaw, Th.**, Reizen en aanmerk. door en over Barbarijen en het Ooste. U. h. Eng. d. F. Boddaert, e. a. Utr. 1773. 2 vol. Av. plus. cartes se dépliant, pl. et musique. 4to. d. veau, n. r. 12.—
Pp. 284—288: Van de visschen.

541. — — Même ouvrage. U. h. Eng. vert. en verm. m. aanteek. d. S. Rau, M. Tydeman, e. a. Amst., By de Compagnie, 1780. 2 vol. Av. de nombr. cartes se dépliant, pl. et musique. 4to. veau marbré, dos dor.
Bel ex. 20.—

541a. Silvestre, J., L'empire d'Annam et le peuple annamite. Aperçu sur la géographie, les productions, les moeurs, etc. de l'Annam. Paris, 1889. Av. carte 8vo. br.   1.25

> Pp. 62—65: Poissons.

542. Simons, G. J., Beschrijving v. h. eiland Curaçao. Oosterwolde, 1868. Av. portr., carte et 2 pl. 8vo. br. *Rare.*   10.—

> M. B., no. 2044.

543. Sketchbook, The West India. London, 1834. 2 vol. Av. cartes, 10 pl. color. et noires et ill. 8vo. d. veau.   6.—

> T. I., chap. VI: Flying fish, etc.

544. Smallegange, M., Cronyk van Zeeland vervatt. de . . . . cronyken van J. Eyndius en J. Reygersberg, verm. omtrent oudheden en herkomsten, wateren en stroomen, eilanden, steden en heerlijkheden. Middelb., J. Meertens, 1696. Av. front., cartes, de nombr. pl. et la grande pl. des armoiries en 6 ff. se dépliant. fol. veau, dos orné.   120.—

> Ex. avec le „Beschryving van den Zeelandschen adel", „Byvoegselen tot de Cronyk van Zeeland" et „Besluit tot de Zeelandsche cronyk" qui manquent souvent.
> M. B., no. 3196. L. II, Chap. XVII: Van de Zeelandsche visscherijen. — Chap. XVIII: Van de visschen in onse stroomen, en eerst van de zee-honden, zee-katten, visschen, enz. — Chap. XIX: Van onse zee-visschen, en van die onser binnenlandsche soete wateren. — Chap. XX: Van den haring. — Chap. XXI: Van de visch met harde schelpen.

545. Soete-boom, H., Derde voornaemste zee-getogt (der Nederlanderen) na de Oost-Indien, gedaan met de Achinsche en Moluksche vloten, onder de ammiralen J. Heemskerk, en W. Harmansz, 1601—03. In de welcke verscheiden zee-gevallen, vreemde eilanden, volkeren, zeden, vrugten, zee-slachten, etc. Uyt de aanteek. van Willem v. West-Zanen. Wormerveer, W. Sz. Boogaert, 1648. Av. grav. s. bois sur le titre, 2 (sur 4 pl.), dont une contient une vue de l'île de Ste-Hélène et 8 grav. dans le texte. 4to. d. vél. (Rel. mod.)   75.—

> Tiele, Mémoire, no. 163.
> Cap. XIV: . . . . 't Iagen en visschen . . . . Wat visschen daer zijn . . . . Verhaal van fenijnige visschen.
> Les pl. 1 et 4 manquent. Ex. un peu défraîchi, mais grand de marges.

546. Spix, J. B. von, und **C. P. Fh. von Martius,** Reise in Brasilien, 1817—20. München, 1823—31. 3 vol. Av. carte. 4to. d. veau.   25.—

> T. I, p. 73: Fliegende Fische, Thunfische, Haifische, etc. — T. II, p. 533: Der Fisch Pranha. — Pp. 955—956: Fische Pirarucu, Schwerdfische, Haifische, etc.
> Sans l'atlas.

547. Stair, Nil, Remarquable und höchstmerkwürdige Reisen nach denen unbekannten Insuln des Oriental. Oceani, darinnen dessen Schiffarth, ... eilfjährige Wohnung unter einer sehr vernünftigen Indian. Nation, angelegte Plantagen . . . . bis zu seinen an der Cap erfolgten Tode. (A. d. Dän.). Frankf. 1778. 2 parties en 1 vol. Av. 2 front. 8vo. cart., n. r.   20.—

> La 2e partie sous le titre: **Nil Hammelmanns** als tapfern Nachfolgers des Nil Stairs fortgesezte Reisen nach den Oriental. Oceano, dem Süd-Pol . . . . unbekannt gewesenen Insuln und Ländern etc. A. d. Holländ.
> Curieux voyage imaginaire. Cap. XII, § 5: Sonderliche Fischerey.

Mart. Nijhoff, à La Haye. — Cat. No. 511

548. **Stavorinus, J. S.**, Reize van Zeeland over de Kaap de Goede Hoop naar
Batavia, Bantam, Bengalen, enz. 1768—71. Leyden, A. en J. Honkoop,
1793. 2 tom. 1 vol. Av. cartes. 8vo. cart. 7.50
  T. I, pp. 11—12: Beschryving v. d. vliegende visch. — Pp. 14—16, 18:
  Dorades, albicores, bonyr, haayen, lootsmannetje. — P. 276: Paerlvisscherij.
  —T. II, p. 136: Visschen.

549. — — Reize van Zeeland over de Kaap de Goede Hoop en Batavia,
naar Samarang, Macassar, Amboina, Suratte, enz. gedaan in.... 1774—
78. Leyden, A. en J. Honkoop, 1797, 98. 2 vol. Av. 2 cartes.8vo. cart.,
n. r. 12.50
  T. I, p. 265: Een visch, Jacob Evertsen genaamd.

550. **Stedman, J. G.**, Reize naar Surinamen, en door de binnenste gedeelten
van Guiana. N. h. Eng. Amst. 1799—1800. 4 vol. Av. 42 cartes et
pl. dont qq. unes représentent des poissons. 8vo. d. veau. 12.50
  T. II, p. 151: Visschen door middel van paalwerk. — P. 267—269: Visch
  dago-faify, visch rock-cod. — P. 288: Zonvisch, slangvisch, gevlekte kat.

551. — — Voyage à Surinam et dans l'intérieur de la Guiane. Trad. p. P. F.
Henry. Paris, 1799. 3 vol. 8vo. Av. atlas de 44 cartes et pl. 4to. d. rel.
et br. 10.—

552. — — Viaggio al Surinam e nell' interno della Guiana. Vers. d. franc. del
Car. Borghi. Milano, 1818. 4 vol. Av. portrait et 16 ill. en partie color.
8vo. br. 3.—
  1 pl. manque.

553. **Steller, G. W.**, Beschreibung von dem Lande Kamschatka, dessen
Einwohnern, deren Sitten, Nahmen, Lebensart. Frankf. 1774. Av. 2
cartes et 11 pl. 8vo. veau 12.—
  Pp. 141—173: Von denen Fischen auf Kamschatka.

554. **Struys, J. J.**, Drie aanmerkelijke en seer rampspoedige reysen, door Ita-
lien, Griekenlandt, Lijfland, Moscovien, Tartarijen, Meden, Persien,
Oost-Indien, Japan, e. a. gewesten...., 1647—73. Amst., J. v. d. Dey-
ster, 1686. Av. front., carte et 19 pl. 4to. vél. *Rare*. 65.—
  Cette 2e édition est augmentée du récit du naufrage du vaisseau Ter Schel-
  ling par van der Heiden.
  P. 210: Cavejaar-visch, hoe sy gevangen werdt.

555. — — Sehr schwere.... Reysen, durch Italien, Griechenland, Lifland,
Moscau, Tartarey, Persien, Turckey, Ost-Indien, Japan, 1647—73. A.
d. Holländ. von A. M. Amst., J. v. Meurs, 1678. Av. front. et 20 pl. fol.
vél. *Bel ex.* 50.—

556. **(Tachard, G.)**, Voyage de Siam des Pères Jesuites, envoyez par le roy
aux Indes et à la Chine. Av. observat. astronom. et remarques de
physique, de géographie, d'hydrographie et d'histoire. Paris, 1686.
Av. 3 cartes, 17 pl. et ill. 4to. veau. 25.—
  Première édition. Pp. 35—44: Les environs de la ligne Equinoxale sont
  pleins de poissons (albucores, bonites, marsouins, etc.). — P. 93: Divers
  poissons du Cap.

557. **Tafereel** van natuur en konst; behelz. eene algem. landbeschrijving, een
beknopte historie der verscheiden volken, de natuurlijke historie, gods-
dienst, konsten, koophandel, enz. N. h. Eng. Amst, P. Meyer, 1769—
84. 20 vol. Av. table. Ens. 21 vol. Av. cartes. pet. in-8vo. veau. 75.—
  T. IV, pp. 18—26: Walvisch. — Pp. 79—83: Visschery der Groenlanden.
  — T. XIV, pp. 264—277: Visschery der Nederlanden. — T. XVIII, pp.
  276—287: Opmerkelyke visschen in Zuid-Amerika.
  Ouvrage rare, qui n'est pas une simple traduction de l'anglais, mais qui
  est très considér. augmenté et corrigé.

Mart. Nijhoff, à La Haye. — Cat. No. 511

558. Teenstra, M. D., De Nederl. West-Indische eilanden. Amst. 1836, 37. 2
vol.Av.carte et vign. lithograph. en couleurs sur le titre. 8vo. d. rel. 10.—
    Rare. Le seul ouvrage qui traite in extenso des îles néerl. aux Indes
    Occident.: Curaçao, St. Martin, Aruba, Saba, Bonaire et St. Eustache.
    T. I, pp. 265—269: Visscherij en visschen. — Pp. 287—289: Visschen.

559. Tooke, W., View of the Russian empire during the reign of Catherine
II and to the close of the present century. London, 1799. 3 vol. Av.
carte. 8vo. d. veau.   12.—
    The natural state. — Productive industry (the fox, beaver, rein-deer,
    eiderfowl, etc.); the f i s h e r y (whales, herrings, etc.); the breeding cattle;
    agriculture; forest-culture; mines; etc.

560. Tournefort, P. de, Relation d'un voyage du Levant, conten. l'histoire
ancienne et moderne de plus. isles de l'Archipel, de Constantinople,
des côtes de la Mer Noire, de l'Arménie, de la Georgie, des frontières
de Perse et de l'Asie Mineure, etc. Paris, 1717. 2 vol. Av. 50 cartes,
plans, vues topograph. (e. a. Galipoli, Erzeroum, Smyrne, etc.), 50 pl.,
représent. des fleurs et des plantes rares, 28 pl. de costumes et 25 pl.,
représent. des exemples d'architecture etc. 4to. vél.   50.—
    T. I, pp. 108—109: Poissons en usage chez les Grecs, les jours de jeune. —
    T. II, p. 440: Buccinum, coquille fort remarquable. — etc.
    Bel ex. grand de marges de la bonne édition d'un ouvrage fort estimé.
    Voyez Brunet.

561. — — Même ouvrage. 2 vol. Plein veau fauve, fil. sur les plats, dent. in-
tér., dos dor., dor. s. tr.   60.—
    Très bel ex., très frais, dans une belle reliure.

562. — — Beschryving van eene reize naar de Levant, behelz. de oude
en hedend. historie van verscheide eilanden van de Archipel,
Armenië, Georgië, etc. Mitsg. den aart, zeden, koophandel der vol-
ken.... en waarneemingen betreff. de histori der natuur. U. h. Fransch
d. P. Le Clercq. Amst., Janssoons v. Waesberge, 1737. 2 tom. 1 vol. Av.
99 pl. (vues de pays, costumes, plantes) et de nombr. grav. dans le
texte. 4to. veau.   26.—
    Une grande partie de l'ouvrage est consacrée à la botanique, av. de nombr.
    planches.

563. Tuckey, C. K., Verhaal van eene ontdekkingsreis in 1816, naar de Zaïre,
gewoonlijk genoemd de Congo. N. h. Eng. M. bijv. Rott. 1820—21. 3
vol. Av. carte et pl. 8vo. cart.   2.50
    T. II, pp. 275—278: Visschen. — T. III, pp. 19—28: Visschen. — Pp.
    28—39: Crustacea.

564. Twist, J. v., Generaele beschrijvinghe van Indien, ende in 't bysonder
kort verhael van de regering, ceremonien, handel, vruchten en gele-
gentheyt van 't koninckrijck van Gusuratten, staende onder de
beheerschinge van Cajahan: anders genaemt den grooten Mogor....
(M.) 't Journael van W. Schram, met de zee-slagh tegen Claes Compaen.
Amst., H. Doncker, 1651. Av. grav. sur le titre et dans le texte. 4to.
cart.   85.—
    Le „Journael ende verhael van de O. I. reyse gedaen by W. Schram, 1626",
    porte sur le titre l'année 1650.
    Cap. XLIII: Van de visschen, ende zee-gedierten in Indien.

565. Valentijn, F., Oud en Nieuw Oost Indiën, vervatt. een.... verhande-
linghe van Nederl. mogentheyd in die gewesten, benevens.... Kaap
der Goede Hoop en van Mauritius.... beschrijving van steden....
zeden der volken, gewassen, land- en zeedieren, vogelen, v i s s c h e n,
                Mart. Nijhoff, à La Haye. — Cat. No. 511

wereldlijke en kerkelijke geschiedenis enz. Dordr. 1724—26. 5 tom. 8
vol.Av.front. et env. 300 cartes, portraits et pl. fol.veau, dos dor. 500.—
M. B., no. 2213. Bel ex. sur grand papier de cet ouvrage monumental.

566. **Vogel, J. W.**, Zehen-jährige.... Ost-Indianische Reisebeschreibung.
In Drey Theile abgeth. Des Autoris Abreise nach Holland u. Ost-Indien.
Des Autoris in Indien verrichtete Dienste, und die meisten Gewächse,
Thiere, Früchte, Bergwercke, etc. beschr. Die Rück-Reise.... nebst
einer....kurtzenBeschreibung derer vornehmsten Länder in Indien....
der Inwohner Lebens-Arth u. Sitten, etc. (3e Ausg.). Altenburg, 1716.
Av. front. et 1 pl. 8vo. d. mar., n. r. (Rel. mod.)   60.—
P. 37: Fliegende Fische.

567. **Vries, M. Gz.** — **Reize** van Maarten Gerritsz. Vries in 1643, naar het
Noorden en Oosten van Japan, volgens het journaal gehouden door
C. J. Coen. Uitgeg. d. P. A. Leupe. Amst. 1858. Av. carte et facs. 8vo.
toile.   4.—
Pp. 409—412: Visschen. — P. 413: Schaaldieren.

568. **Vries, S. de,** Curieuse aenmerck. der bysond. Oost en West-Indische ver-
wonderens-waerdige dingen; nevens die van China, Africa e. a. gewesten
des werelds bevatt. beschrijv. der.... gewassen, dieren, seeden en
godsdiensten der menschen, enz. Utr., J Ribbius,1682. 4 vol. Av. front.,
15 cartes et 61 pl. 4to. vél. Bel ex. grand de marges.   150.—
T. I, p. 160: Seldsaemheyd vande West-Indische visch, reversus of keer-
weer. — Pp. 368—371: Hayen. — Pp. 446—452: Aerd- en steenvisschen. —
T. II, pp. 972—987: Paerlen, paerlevisscherij.

569. **Westgarth, W.**, Australia: its rise, progress, and present condition.
Edinb. 1861. Av. carte. 8vo. toile.   1.75
P. 179: Fishes.

570. **Williams, J.**, Narrative of missionary enterprises in the South Sea is-
lands; with remarks upon the natural history of the islands, origin.
languages, traditions, and usages of the inhabitants. London, 1838. Av.
front. color., carte et pl. 8vo. veau fauve.   12.—
Pp. 500—501: Fish and fishing.

571. **Wilson, J.**, Missionary voyage to the Southern Pacific Ocean, 1796—
98, in the ship Duff. W. prelim. discourse on the geography and his-
tory of the South Sea islands; and appendix, includ. details never be-
fore publ. of Otaheite. London, 1799. Av. cartes et pl. gr. in-4to. veau.
(Rel. cassée).   20.—
Meilleure édition. Pp. 383—388: Fishery.

572. **Witsen, N.**, Noord- en Oost-Tartaryen. 2e dr. Verrykt met een inleid.
Amst., M. Schalekamp, 1785. 2 vol. Av. 2 front., portrait de l'auteur et
103 cartes et pl. et grav. en taille-douce dans le texte. fol. d. veau, n. r.
(Rel. mod.)   175.—
M. B., no. 3607.
Le texte de cette édition est le même que celui de l'édition de 1705, aug-
menté d'une introd. p. P. Boddaert, basée sur les annotat. mss. de N. Wit-
sen. Cette éd. (de 1785) contient non moins que 51 cartes et pl. qui ne se
trouvent pas dans celle de 1705. Voyez Tiele, Bibliographie, pp. 269/270.

573. **Wurffbain, J. S.**, Vierzehen jährige Ost-Indian. Krieg- und Ober-Kauff-
manns-Dienste, in einem richtig geführten Journal- und Tage-Buch. In
welchem viel Begebenheiten fern entlegener Länder, Gewächse und

Thiere, etc. An den Tag gelegt von J. P. W(urffbain). Sultzbach, 1686.
Av. front., carte et 5 pl. 4to. cart. *Ex. grand de marges.*   150.—
   P. 60: Fischfang der Makarellen. — P. 65: Fischfang der Bandaneser. —
   P. 169—170: Barein, stadt berühmt wegen des Perlenfanges.
574. **Wurffbain, J. S.,** Même ouvrage. Même édition. 4to. vél.   50.—
   Ex. sans le front. et les pl., mais avec la carte.
575. — — Même ouvrage. Même édition. Av. front., carte et 5 pl.
   Dans la même reliure:
   — **Behr, J. von der,** Neun-jährige Ost-Indian. Reise (1641—50), meisten-
theils in Diensten der verein. geoctr. Niederl. Ost-Indian. Compagnie.
Auffs neue übers. und mit C. Eiszlingens Italiän. Wegweiser vermehret.
Franckf. 1689. Av. front., portrait et 15 pl.
   Edition très rare de ce journal recherché et curieux.
   P. 14—16: Der Fisch Hey. — P. 201: Fliegende Fische. (Av. ill.).
   Le „Ital. Wegweiser", mentionné sur le titre, ne se trouve pas dans cet ex.
   — **Schweitzer, Chr.,** Journal- und Tage-Buch seiner sechs-jährigen
Ost-Indian. Reise, 1675—82. Darinnen (der) Länder und Einwohner
sonderl. der Singulesen, Malabaren, Ambonesen, etc. Sitten und Ge-
bräuch, Städte, Thier, Gewächs, Edelgestein, etc. Tüb. 1688. Av. 6 pl.
   Pp. 69—72: Von den Meerfischen die (bey Ceylon) gefangen werden. —
   P. 72: Der Malabaren Art mit Netzen im Meer zu fischen. (Av. ill.). —
   P. 73: Von den Fischen in süssen Refieren.
   — Ens. 3 ouvrages en 1 vol. 4to. peau de truie estamp., av. fermoirs,
dont 1 manque.   250.—
   Très beaux exx. de ces 3 ouvrages rares, dans une belle reliure ancienne.
576. **Zuidwest Nieuw-Guinea-expeditie, De,** 1904—05, v. h. Kon. Nederl.
Aardrijksk. Genootschap. Leiden, 1908. Av. 9 cartes, 2 plans, 11 pl.
148 ill., etc. gr. in-8vo. toile.   8.—
   Pp. 524—527: Visschen.

III. WHALES AND WHALE-FISHERY

(See also: II. Travels, etc.)

577. **Baleines, phoques, loutres, etc.** — 12 **Ecrits** en franç., anglais, alle-
mand, etc. 1878—1913. 8vo. br. *Qq. t. à p.*   3.—
   P. J. van Beneden, La pêche de la baleine. 1878. — **R. Paratre,** Voyages de
la loutre, etc. 1894. — **Henking,** Norwegens Walfang. — **R. E. Coker,** Culti-
vation of the diamond-back terrapin. 1906. — **Fur-seal fisheries,** of Alaska
in 1910. — etc.
578. **Balen, J. H. v.,** De dierenwereld van Insulinde in woord en beeld. Dev.
1914, 15. 2 vol. Av. pl., dont 24 en couleurs et de nombr. ill. gr. in-8vo.
toile.   18.50
   I. Zoogdieren (pp. 147—159: Walvischachtigen). — II. Vogels.
580. **(Baudartius, W.),** Memorien ofte cort verhael der ghedenck-weerd. ghe-
schiedenissen van Nederlandt, Vranckryck, Hoogh-Duytschland, etc.
(1603—24). 2e ed. verm. Arnhem, J. Jansz., 1624, 25. 2 vol. Av. titre
gravé, portr. de l'auteur et 46 portr. fol. vél.   55.—
   Le meilleur ouvrage sur cette époque. Très rare avec tous les portraits.
   M. B., no. 3424. L. V, p. 43: Engelsche verhinderen de Hollanders in den
   walvisch-vanck. — L. IX, p. 97: Misverstant t. de Engelsche ende Neder-
   landers om den walvisch-vanck. — etc.

581. **Boelen Jz., J.,** Reize naar de O. en W. kust van Zuid-Amerika, en van daar naar de Sandwich- en Phillippijnsche eilanden, China enz., 1826—29. Amst. 1835—36. 3 vol. Av. cartes et pl. lithogr. et gravées, dont plus. de costumes color. 8vo. d. veau.   10.—
  T. III, pp. 120—130: De walvischvangst.
  Nom coupé du titre. Ex. un peu usé.
  Bosgoed, D. Mulder. V o i r I, n o. 44.

582. **Brandligt, C.,** Geschiedkundige beschouwing v. d. walvisch-visscherij. Amst. 1843. 8vo. br.   4.—
  Marque de bibliothèque sur le titre.

583. **Campen, S. R. v.,** The Dutch in the arctic seas. I. A Dutch artic expedition and route. Amst. 1876. Av. carte.˙ 8vo. br.   6.—
  Chap. VIII: The early Dutch whalers.
  Tout ce qui a paru.

584. **Capel, R.,** Norden, oder zu Wasser und Lande im Eise und Snee, mit Verlust Blutes und Gutes zu Wege gebrachte, und fleissig beschriebene Erfahrung und Vorstellung des Norden. Hamburg, 1678. Av. carte. 4to. d. vél. (Rel. mod.)   150.—
  Pp. 197—212: Georg Niclaus Schurtzen bericht von der Natur und Eigenschafft, auch Nachstellung und Fang des Walfisches, 1672.

585. **CHAMPLAIN, DE,** Les voyages de la Nouvelle France Occidentale dicte Canada faits .... depuis 1603—29. Paris, 1632. A v. la grande carte en édition originale et quelques grav. dans le texte, dont une intéressante pour la chasse. 4to. veau ancien. (Dos légèr. restauré). 1450.—
  M e i l l e u r e é d i t i o n de cet ouvrage célèbre, avec la carte en édition originale et avec les 2 ff. blancs.
  T. I, pp. 164—167: Description de la pesche des baleines en la Nouvelle France.

586. **Collection** of books, pamphlets, log books, pictures, etc. illustr. whales and the whale fishery, in the free public library New Bedford. New Bedford, 1920. Av. 5 pl. 8vo. br.   1.25

587. **Copies** contempor. de missives importantes et de mémoires (pour la plupart en néerland.) envoyées par les ambassadeurs hollandais aux grands pensionnaires Joh. Hoornbeek et Sim. van Slingelandt, 1725—34. Collection provenant de Caspar van Citters et de W. H. de Beaufort, ministre des affaires étrangères. Env. 160 pièces en 2 vol. fol. vél. 95.—
  Cette très importante collection contient e. a.: Beschryvinge van eene nieuwe geinventeerde machine om walvisschen te vangen, get. H. Hop, 9 Mrt. 1731. — Conventie op de haring-negotie tusschen Engelandt en Breemen. 1732. — etc.

588. **Detectio freti Hudsoni,** or, Hessel Gerritsz's collection of tracts by himself, Massa and de Quir on the N. E. and W. Passage, Siberia and Australia. Reprod. with the maps, in photolithography in Dutch and Latin after the ed. of 1612 and 13. Augm. with a new English transl. by F. J. Millard, and an essay on the origin and design of this collection by S. Muller Fzn. Amst. 1878. Av. facs. 4to. br.   20.—
  M. B., no. 3427. Voyez aussi le no. 593.

589. **Egede, H.,** Beschryving van Oud-Groenland, of eigentlyk van de z.g. Straat Waits, behelz. desz. natuurlyke historie, gedaante, veld-

Mart. Nijhoff, à La Haye. — Cat. No. 511

gewassen.... mitsg. den oirsprong.... der Noorweegsche volkplantingen in dat gewest. U. h. Deensch. Delft, 1746. Av. carte et 11 pl. 4to. dos de vél. 32.—
Pp. 84—94: Jagen en visschen. Av. 1 pl., représent. la pêche de baleine.

590. **Egede, H.,** Fragmenten uit een dagboek, gehouden in Groenland, 1770—78. U. h. Deensch in het Hgd. vert. d. G. Fries, verrijkt met berigten nopens de Groenlanders. U. h. Hgd. Gron. 1818. Av. carte. 8vo. d. veau. 4.50
Pp. 101—108: De gevonden walvisch.
Esquiros, La Néerlande et la vie hollandaise. V o i r V, n o s. 673—675.

591. **Fischer, J. F. v. Overmeer,** Bijdr. tot de kennis v. h. Japansche rijk. Amst. 1833. Av. pl. noires et color. 4to. veau, dor. s. tr. et s. plats. 20.—
M. B., no. 2572. Pp. 217—218: De walvisch en andere visschen.
Les planches de cet ex., sont coloriées et qq.-unes rehaussées d'or.

592. **Froriep, L. F. von,** Fortschritte der Geographie und Naturgeschichte. Jahrbuch. Weimar, 1846—48. 5 vol. Av. cartes color. et noires, pl., ill. et 1 pl. de musique. 4to. d. rel. 20.—
T. IV, pp. 117—125: Versteinerung der Muscheln im Mittelländ. Meere, d. Figuier. — T. V, pp. 192—201: D i e N o r d a m e r i k a n. W a l f i s c h-j ä g e r e i, d. Macgregor.

593. **Gerritsz, Hessel,** Beschryvinghe van der Samoyeden landt en Histoire du pays nommé Spitsberghe. Uitgeg. d. S. P. L'Honoré Naber. 's-Grav. 1924. Av. 5 cartes, 1 pl. d'un narval et 1 ill. d'une baleine. 8vo. toile, tête dor. 10.—
Cet ouvrage contient la réimpression, avec introd., notes, bibliographie et table du „Beschryvinghe vander Samoyeden landt in Tartarien.... Wt de Russche tale overgheset, anno 1609. Met een verhael vande opsoeckingh.... vande nieuwe deurgang.... int Noordwesten na.... China ende Cathay, etc. Amst., Hessel Gerritsz., 1612", et „Histoire du pays nomme Spitsberghe. Comme il a esté descouvert, sa situation et de ses animauls. Avec le discours des empechemens que les navires esquippes pour la peche des baleines tant Basques, Hollandois, que Flamens ont soufferts de la part des Anglois, ... 1613. Escript par H. G. A. Amst., Hessel Gerard A., 1613."
Werken, uitgeg. d. de Linschoten-Vereeniging. XXIII. Voyez aussi le no. 588.

594. **Greenwood, F.,** Gedichten. Rott., A. Willis, 1719. Av. beau front. p. Picart. 8vo. vél. cordé. *Bel ex.* 15.—
Contient e. a.: Walvischvangst in 1714.

595. **Hartwig, G.,** In het Noorden: Schetsen uit het leven d. natuur en d. menschen in het N. gedeelte d. aarde. U. h. Hgd. d. T. C. Winkler. Sneek, 1859. 2 vol. Av. front. 8vo. d. rel. (6.—) 2.—
M. B., no. 3472.

596. — — Même ouvrage. 2e uitg. Sneek, 1862. 2 tom. 1 vol. Av. front. 8vo. br. (3.90) 2.—

597. **Histoire** des pêches, des découvertes et des établissemens des Hollandois dans les mers du Nord. Trad. du Hollandois, enrichi de notes p. B. de Reste. Paris, 1801. 3 vol. Av. 6 cartes et 22 pl. 8vo. veau fauve poli, dos doré. *Très joli ex.* 60.—
Traduction du „Beschryving der walvisvangst". Le t. I traite de la pêche surtout de baleines (le chap. XIV décrit la pêche du hareng) et de l'histoire naturelle des poissons les plus connus.
Voyez aussi le no. 617.

598. **Hjort, J.,** Fiskeri og hvalfangst i det Nordlige Norge. Bergen, 1902. Av. front. et 74 ill. gr. in-8vo. cart. 2.50
Aarsberetn. vedkomm. Norges fisherier, 1902, I.

599. **Laing, J.,** Account of a voyage to Spitzbergen; contain. a full description of that country, of the zoology of the North, and of the Shetland isles; w. account of the whale fishery. London, 1815. 8vo. d. rel., n. r.   18.—

600. **(La Peyrère, Is. de),** Bericht von Grönland, gezogen aus zwo Chroniken: Einer alten Ihslandischen, und einer neuen Dänischen; übergesand in Frantzös. Sprahche.... Jetzo aber Deutsch gegäben.... von H. Sivers. Hamburg, 1674. Av. carte et 3 pl. 4to. br.   45.—
    M. B., no. 3536. Traduction fort rare de la relation curieuse, publiée pour la première fois à Paris, en 1647.

600a. **Lubbock, B.,** Adventures by sea from art of old time. Pref. by J. Masefield. London, 1925. Av. 115 planches, dont 22 en couleurs, reprod. de gravures, dessins, tableaux etc. du 16e jusqu'au commencement du 19e siècle. 4to. toile, tête dor.   37.80
    Contient e. a.: Whaling and early arctic exploration (Scenes from Van Barentz's Voyages by G. de Veer. — Greenland whale fishery. — South Sea whale fishery, 1825. — etc.). — etc.

601. **Masius, H.,** Natuurstudien. Schetsen uit de planten- en dierenwereld. N. h. Hgd. d. A. Winkler Prins. Leeuw. 1868. Av. pl. gr. in-8vo. br. (4.80)   2.50
    Les pp. 324—343 traitent de la baleine.

    Meulen, S. v. d., Groote en kleine visscherij. V o i r, VI, n o. 952.

602. **Parry, W. E.,** Verslag van eene reis ter ontdekking van een Noordwestelijken doortogt v. d. Atlantischen tot den Stillen Oceaan, 1819—20. S. l. (v. 1825). Av. 2 pl. à l'aquatinte, dont 1 représente la pêche de baleine. 8vo. veau. *T. à p.*   5.—

603. **Placards néerland.,** publ. par les Etats-Généraux entre les années 1677 et 1783. Ens. 10 ff. fol.   25.—
    Contient e. a. un placard concern. 2 vaisseaux, s'occupant de la pêche de baleine près du Groënland.

604. **Riebeek, J. v.,** Dagverhaal (van zijn verblijf aan de Kaap de Goede Hoop) 1651. Utr. 1848. 8vo. br.   2.50
    Pp. 56—59: Walvisschen.

605. **Sante, G. van,** Alphabet. naam-lyst van alle de Groenlandsche en Straat-Davissche commandeurs, die zedert 1700 op Groenland, en zedert 1719 op de Straat-Davis, voor Holland e. a. provincien, hebben gevaaren. Waarin men kan zien, hoe veel visschen, vaten spek en quardeelen traan yder.... heeft aangebragt en voor wat directeurs dezelven hebben gevaaren. Haarlem, J. Enschede, 1770. Av. front. et grav. sur le titre. 4to. veau.   150.—
    Ouvrage remarquable, conten. la statistique de la pêche de la baleine des pêcheurs hollandais au Groenlande (depuis 1669) et dans le détroit de Davis; les noms des capitaines et des fréteurs, les chiffres annuels des poissons, du lard et de l'huile, et les prix.
    Ex. sur papier fort et remarquable parce que les tables ont été continuées en ms. jusqu'à l'année 1794.
    Rare.

606. **Schinz, H. R.,** Natuurlijke historie der zoogdieren. Amst. 1845. Av. 168 pl. lithograph. gr. in-4to. d. veau.   7.50
    Pp. 447—466: Walvischachtige zoogdieren (Av. 4 pl.).

607. **Schlegel, H.,** De zoogdieren v. Nederland. Haarlem, 1862. Av. 20 pl., dont plus. color. gr. in-8vo. br.   4.—
    M. B., no. 2726. Pp. 76—102: De waldieren.

608. **Schurtz, G. N.,** Neu-eingerichtete Material-Kammer, d. i. gründl. Beschreib. aller Materialien und Specereyen. Samt Erklärung der chimischen, medicin., metallin., mineral. Characteren. Bericht des W a l- f i s c h -f a n g e s in den nordischen Landen, und Revision meines 1662 ausgegangenen Buchhaltens. Nürnberg, 1673. Av. beau front. et 3 ff. p. C. N. Schurtz. fol. veau ancien. 60.—

609. **Scoresby, W.,** Journal of a voyage to the Northern whale-fishery; incl. researches and discoveries on the Eastern coast of West Greenland made in 1822. Edinb. 1823. Av. 2 cartes se dépliant et 6 pl. 8vo. cart. 12.50

610. **Smith, Ch. E.,** From the deep of the sea. Diary. Ed. by Ch. E. Smith Harris. London, 1922. Av. carte et pl. 8vo. toile. 7.50
    Disappointment with the whaling. — The Davis Straits whaling fleet, season 1866. — App. I. Killing whales for whalebone only. — App. II. The former plenitude of whales. — App. III. The strength of whales. — etc.

Soeteboom, H., Oudheden v. Zaanland, etc. V o i r V, n o s. 839—840

612. **True, F. W.,** The whalebone whales of the Western North Atlantic compared with those occuring in European waters with some observations on the species of the North Pacific. Wash. 1904. Av. 50 pl. gr. in-4to. br. 10.—

613. **(Veer, G. de),** Verhael van de eerste schip-vaert der Hollandische ende Zeeusche schepen, door 't Way-Gat, by Noorden Noorweghen, Moscovien ende Tartarien om, na de Coninck rijcken Cathay ende China. (M.) de beschrijvinghe van Siberia, Samoyeda, ende Tingoesa. 2e dr., van nieuws oversien. Amst., J. Hartgers, 1650. Av. grav. dans le texte. 4to. d. veau. (Rel. mod.) 60.—
    Tiele, Mémoire, no. 102. Edition peu commune.
    P. 18: Walvisschen ende hoe sy gevangen worden.

614. — — Même ouvrage. Van nieuws oversien. Amst., G. J. Saeghman, 1663. Av. 16 grav. s. bois, dont 1 représente la pêche de baleines. 4to. d. vél. (Rel. mod.) 50.—
    Tiele, Mémoire, no. 104.

615. — — The three voyages of William Barents to the artic regions (1594— 96). 2d ed. W. introd. by Koolemans Beynen. London, Hakluyt Society, 1876. Av. carte et pl. 8vo. toile. *Epuisé.* 25.—

616. **Verhuell, Q. M. R.,** De walvisch-vangst in de baai van Allerheiligen op de kust van Brazilië. (Amst. 1854). 8vo. br. *Extr.* 1.—

616a. **Verrill, A. Hyatt,** The real story of the whaler. Whaling, past and present. N. York, 1923. Av. pl. et ill. 8vo. toile. 6.50
    Importance of whaling to the American colonies. — How the whales are caught. — Yankee whaleship. — etc.

617. **Walvischvangst, De,** met veele byzonderheden daartoe betrekkelyk. Amst., P. Conradi, 1784—86. 4 tom. 1 vol. Av. 6 cartes et 15 pl. 4to. d. veau, n. r. 24.—

618. **Wamkes, G. A.,** Tusschen Flie en Borne. Schetsen uit de geschiedenis van Schellingerland. Wester-Schelling, 1900. 8vo. d. rel. 1.25
    Contient e. a.: Ter walvischvangst. — etc.

619. **Wybo, J. C.,** De balaenarum piscatu. L. B. 1774. 4to. br. 5.—
    Titre endommagé.

620. **Zesen, F. von,** Beschreibung der Stadt Amsterdam. Amst., J. Noschen, 1664. Av. front. et 73 très belles grav. 4to. vél. 35.—
    M. B., no. 3613. P. 358: Grühnländ. Pakheuser. — P. 359: Walfische, wie sie gefangen und der trahn daraus gesotten wird.

621. **Zorgdrager, C. G.,** Opkomst der Groenlandsche visschery. Met beschryving der Noordere Gewesten, Groenlandt, Yslandt, Spitsbergen, Nova Zembla, Jan Mayen eilandt, de Straat Davis, etc. Met byvoeging van de W a l v i s c h v a n g s t d. A. Moubach. Amst., J. Oosterwyk, 1720. Av. front. et 12 cartes et pl. 4to. vél. 50.—
Edition originale. Marque de bibliothèque sur le titre.

621*a*. — — Même ouvrage. 2e dr. Nevens beschryving van de Terreneufsche bakkeljaau-visschery. 's-Grav., P. v. Thol en R. C. Alberts, 1727. Av. front. et 16 cartes et pl. 4to. br., n. r. 60.—
M. B., no. 3615. Ex. à grandes marges, de la meilleure édition, plus complète que l'édition de 1720.

IV. PEARL-FISHERY

622. **Blue Books** de 1844—90 concern. l'Australie. 27 pièces. fol. br. 35.—
Contient e. a.: Correspond. regard. the pearl and beche de mer fisheries. 1883.

623. **Julian, A.,** La perla de la America, provincia de Santa Marta, reconocida, observada.... en discoursos histor. Madrid, 1787. Av. carte se dépliant. 4to. d. chagr. 90.—
Leclerc, no. 1476. Pas chez Salvá ni Heredia.
Contient e. a.: De las perlas, y de sus pescadores. — etc.

624. **Le Blanc, V.,** Vermaerde reizen in de vier delen des werrelts. In Oosten Westindien, in Persien, Arabien, Pegu.... Marokko, Guinea, Kaap de Bone Esperance, Abissyna, Egypten, Spanjen, Nederlant, etc. U. h. Fr. d. J. H. Glazemaker. Amst., J. Hendriksz. en J. Rieuwertsz, 1654. Av. front. et 7 pl. 4to. cart. 35.—
P. 54: Visschery der parrelen.

625. **Magalhaes Teixeira Pinto, G. de,** Memorias sobre as possessões portuguezas na Asia, 1823. Publ. c. notas de J. H. da Cunha Rivara. Nova-Goa, 1859. pet. in-8vo. br. 12.—
Pp. 121—123: Pescaria de perolas.

626. **Marcus Paulus Venetus,** Viaggi. Trad. dall' orig. franc. di Rust. di Pisa, corr. di docum. da V. Lazari, pubbl. p. L. Pasini. Ven. 1847. Av. grande carte. gr. in-8vo. cart. 6.—
Pp. 163—165: Pesca delle perle. — Pp. 193: Pesci usati per nutrimento del bestiame. — etc.

627. — — **Book, The,** of Ser Marco Polo concern. the kingdoms and marvels of the East. Transl. and ed. w. notes by H. Yule. 3d ed. revised by H. Cordier. W. memoir of H. Yule by Amy Frances Yule. London, 1903. 2 vol. Av. portr., cartes, pl. et ill. gr. in-8vo. toile dor. 38.—

627*a*. — — **Livre, Le,** de Marco Polo, citoyen de Venise, haut fonctionnaire à la cour de Koubilai-Khan, generalissime des armées mongoles, ambassadeur du Grand Khan vers l'Indo-Chine, les Indes, la Perse. etc. Red. en franç. sous la dictée de l'auteur en 1295 par Rust. de Pise, rev. et corr. par Marco Polo lui-même en 1307, publ. p. G. Pauthier en 1867 trad. en franç. moderne et annoté d'après les sources chinoises par A. J. H. Charignon. Pékin, 1924. 3 vol. Av. cartes. gr. in-4to. br. 50.—
Tiré à 550 exx., dont 500 sur papier pelure chinois. Le t. I a paru.

Mart. Nijhoff, à La Haye. — Cat. No. 511

628. **Memoirs** and instructions of Dutch governors, commandeurs etc. of
Ceylon. Transl. by S. Pieters. Colombo, 1905—15. 10 vol. 8vo. br. 12.50
Ajouté: **Anthonisz, R. G.,** Report on the Dutch records in the government
archives at Colombo. Col. 1907. (Pp. 92—95: Pearlfisheries).

629. **Memorie** betr. de vergunning tot het visschen naar paarlschelpen, tri-
pang, enz. binnen de territoriale zee van Ceram. Bat. 1894. 4to. br. 1.—
Ajouté: **Concept-ordonnantie,** m. nota v. toelichting voor het visschen
naar paarlschelpen.

630. **Tavernier, J. B.,** Six voyages en Turquie, en Perse, et aux Indes pendant
l'espace de quarante ans. Paris, 1681. 3 vol. Av. portrait, 25 pl. et de
nombr. ill. 4to. veau.   55.—
T. II, pp. 295—299.: Des perles et des lieus où elles se peschent.

631. — — De zes reizen, die hy gedur. veertig jaren, in Turkijen, Persiën en
in d'Indiën gedaan heeft. Vert. d. J. H. Glazemaker. Amst., Wed. J. v.
Someren, 1682. 3 tom. 2 vol. Av. front., portrait, 2 cartes et de belles pl.,
grav. p. J. Luiken, e. a. 4to. vél. *Bel ex.*   45.—

V. FISHERIES (ECONOMICAL, COMMERCIAL AND LEGAL)

633. **Aarsberetning** vedkommende Norges fiskerier for 1894—1912, 1913, I
—IV. Kristiania, 1895—1913. 20 tom. Av. cartes, pl., ill. et tabl. gr. in-
8vo. dont 17 tom. en 14 vol. d. rel., le reste en livr.   50.—
Contient des contributions de R. Hansen, J. Hjort, K. Dahl, Buvig, e. a.
sur la pêche norvég. près des îles de Lofoden, de Finmarken, au nord de
Trondjhem, etc.

634. **Advertissements** à Sa Majesté et Altesses touchant la navigation, traf-
ficq, pescheiries, commerce etc. à la Mer du Nort, Mer Oceane et des In-
des, ou traffiquent et habitent les rebelles d'Hollande, Zélande et Frise,
avec tous leur revenu, etc. (1607). Publ. p. P. J. Blok. 's-Grav. 1898.
8vo. br. *Extr.*   2.50

635. **Ainsworth-Davis, J. R.,** Food supplies of the British empire. I. Crops
and fruits. W. foreword of the Prince of Wales and introd. by E. Geddes
and S. Machin. II. Meat, f i s h and dairy produce. W. introd. by G.
Campbell. London, 1924. 2 vol. gr. in-4to. toile.   26.—
Resources of the Empire series, I.

636. **Aitzema, L. v.,** Saken van staet en oorlogh in ende omtrent de Vereen.
Nederlanden, (1621—68). 's-Grav. 1669—72. 7 vol. — **Sylvius, H.,** His-
torien onzes tijds enz. en Vervolgh van Saken van staat en oorlog (Ver-
volgen op Aitzema, 1669—97). Amst. 1685—99. 4 vol. — En tout 11
vol. fol. vél. cordé. *Très bel ex.*   150.—
M. B., no. 3129.

637. — — L'ouvrage de v. Aitzema seul. 6 tom. 7 vol. Av. front. et portrait
de l'auteur. fol. vél. cordé. *Bel ex. en grand papier.*   100.—

638. **Alkemade, K. v.,** en **P. v. d. Schelling,** Beschrijving v. d. stad Briele en
den lande v. Voorne. Rott. 1729. 2 tom. 1 vol. Av. 4 cartes. fol. vél.
cordé.   35.—
T. II, pp. 67—69: Acte van Frank van Borselen tot het betalen van de
godspenningen van de vis, 1437. — Pp. 177—180: Octroy van Keizer Karel
van de vis, 10 Juli 1555.

639. **Baldaqua da Silva, A. A.,** Estado actual das pescas em Portugal, compreh. a pesca maritima, fluvial e lacustre em todo o continente do rein referido ao anno de 1886. Lisboa, 1891. Av. cartes, figg. dans le texte et de nombr. pl. en couleurs. gr. in-8vo. br. 12.—

640. **Beaujon, A.,** Overzicht der geschiedenis van de Nederl. zeevisscherijen. Leiden, 1885. 8vo. br. (3.50.) 2.50
Histoire des pêcheries de mer néerland. Excellent ouvrage qui n'a pas encore été remplacé.

641. **Berichten, Economisch-statistische.** Algemeen weekblad voor handel, nijverheid, financiën en verkeer. (Red. G. W. J. Bruins). 1916—21. Année I—VI. 12 vol. fol. En livr. 75.—
Périodique qui peut être consideré comme analogue à „The Economist". Epuisé et très rare.
Manque année I, 5.

642. **Blue Books,** de 1870—93. conc. l'Amérique du Nord. 14 pièces, dont 1 8vo, le reste fol. br. 12.—
Contient e. a.: Further correspondence resp. the Newfoundland fisheries. 1893. — etc.

643. — — **Plaice fisheries,** of the North Sea. Report. London, 1909—11. Av. cartes. 3 vol. fol. br. 3.—

644. **Bly, F.,** Onze zeil-vischsloepen zooals die te Oostende, te Blankenberge en op de Panne in gebruik (zijn). Gent, 1902. Av. ill. gr. in-8vo. br. *Epuisé.* 4.50

645. **Boeke, J.,** Rapport betr. een voorloopig onderzoek naar den toestand van de visscherij en de industrie van zeeproducten in de kolonieCuraçao. 's-Grav. 1907, 19. 2 vol. Av. cartes et figg. gr. in-8vo. br. 18.—

646. **Boers, B.,** Beschrijving v. h. eiland Goedereede en Overflakkee. Sommelsdijk, 1843. Av. carte. 8vo. br. 3.50
Pp. 270—276: Visscherij van Middelharnis.

647. **Boitet, R.,** Beschryving van Delft. Oorsprong, aanwas, gelegenheid, enz. Nevens voorregten, handvesten, previlegien, enz. Delft, 1729. Av. front., plans et pl. fol. vél. cordé, *Bel ex.* 50.—
Pp. 55—59: Van de visscherij en vogelarij. — Pp. 578—580: Van de vischmarkt.

648. **Bone, D. W.,** The lookoutman. London, 1923. Av. 22 pl. et ill. 8vo. toile. 4.50
Fishing craft. — Mail liners. — Cargo lines. — Les pl. représentent e. a.: Fishing craft: a trawler and a drifter; an American excursion steamer; etc.

Bosgoed, D. Mulder. V o i r I, n o. 44.

649. (**Bottemanne, C. J.,** en **P. P. C. Hoek**), Rapport over ankerkuil en staalboomen visscherij op het Hollandsch diep en Haringvliet. (Texte holland et allemand). 1888. Av. 6 pl. 8vo. — **P. P. C. Hoek,** Rapport over het visschen met ankerkuilen. 1897. Av. 7 pl. 4to—et autres pièces impr. et en ms. concern. le même sujet. toile, d. rel. et br. 5.—

650. **Boudyck Bastiaanse, J. H. v.,** Voyage à la Côte de Guinée, dans le golfe de Biafra, à l'île de Ste Hélène etc. La Haye, 1853. 8vo. d. rel. 5.—
Pp. 405—406: La pêche du hareng.

650*a*. **Brink, R. C. Bakhuizen v. d.,** Piscatio, pêcherie, visscherij. De ware beteekenis dezer woorden gehandhaafd tegen M. de Vries. 's-Grav. 1850. 8vo. br. 1.—

651. **Broersma, R.,** Besoeki. Een gewest in opkomst. Amst. 1913. Av. carte
et 20 pl. 4to. toile. (8.50)   **4.—**
    Chap. II: Poegir. Inlandsche visscherij. etc. — Chap. IX: Banjoe-
    wangi. Inl. visscherij en Europ. leiding.

651a. **Brogniez, A.,** Manuel du maréchal ferrant. — **F. Defays,** L'encastelure.
  — **Traitement** des porcs. D'après des ouvrages anglais p. J. A. G. —
  P. de Mortillet, Education des porcs. — **E. Peers,** Oiseaux de basse-cour.
  — **J. P. J. Koltz,** Traité de p i s c i c u l t u r e. — Brux. 1850—60. En 1
  vol. Av. 11 pl. et ill. 8vo. cart.   **2.—**

652. **Bruining, G.,** Tableau topograph. et statistique de Rotterdam. Rott.
1815. Av. plan. pet. in-8vo. d. veau, tr. dor.   **3.50**
    M. B., no. 3392.
    Les gravures, dont la note de p. 198 fait mention et qui, n'étant pas
    encore prêtes, seraient à suivre, ne s'y trouvent pas.

653. **Buddingh, D.,** Algemeene statistiek voor handel en nijverheid. Haar-
lem, 1846—49. 3 vol. 8vo. cart.   **5.—**
    M. B., no. 3138.
    I. Alg. inleiding, landbouw en nijverheid. — II. Handelsbedrijf. — III.
    Statenkunde en Register.

654. — — Jaarberigten van algemeene statistiek voor landbouw, handel en
nijverheid. Ten verv. v. h. Handboek van algem. statistiek, 1848—51.
Haarlem, 1851. 8vo. br.   **2.—**

655. **Bijlsma, R.,** Rotterdams welvaren, 1550—1650. 's-Grav. 1918. Av. 29
beaux portr., cartes et pl., reprod. en phototypie d'après des tableaux
anciens. gr. in-4to. toile.   **16.80**
    Histoire du développement économique et commercial de la ville de
    Rotterdam entre les années 1550 et 1650.
    L'ouvrage traite la population et l'extension de la ville, les métiers (la
    pêche (des harengs, etc.), les équipements pour l'Afrique, l'Amérique, les
    Indes Orient., la pêche de la baleine, etc.).

656. **Carleton,** Lettres, memoires et négociations, dans le tems de son am-
bassade en Hollande, 1615—20. Trad. de l'angl. La Haye, P. Gosse et
E. Luzac, 1759. 3 vol. 8vo. d. vél., n. r.   **7.50**
    M. B., no. 3141.

657. **Carvalho, M. de,** Questoes da India. Pareceres de procurador da coroa
e fazenda do Estado da India ao governo do mesmo estado, (1868—
1872). Nova Goa, 1874. gr. in-8vo. d. veau.   **24.—**
    Agricultura. — Bens ecclesiasticos. — Communidades. — Importo. —
    Navegaçao. — P e s c a r i a. — Usos. — etc.
  Catalogo de los objectos present. en la exposicion regional de Filipinas.
  V o i r VI, n o. 911.

658. **Catalogus** van boeken in Noord-Nederland verschenen van den vroeg-
sten tijd tot op heden. IV. Rechts- en staatswetenschappen. 's-Grav.
1911. gr. in-8vo. br.   **2.75**
    Col. 135: Jacht en visscherij (recht). — Col. 187—188: Visscherij (econo-
    mie). — Col. 247: Visscherij (statistiek).

659. — — Idem. X. Praktische wetenschappen. 's-Grav. 1911. gr. in-8vo. br.
                                                                     1.—
    Col. 29—30: Jacht en visscherij.

660. **Catalogus** van de Nederl. afd. op de Intern. tentoonstelling van jacht en
visscherij te Antwerpen. 's-Grav. 1907. 8vo. br.   **1.—**

661. **Charters, Boergoensche,** 1428—1482. Verz. d. P. A. S. van Limburg Brouwer. 3e afd. v. h. Oorkonden boek v. Holland en Zeeland. 's-Grav. 1869. 8vo. br. (2.25)   1.50
M. B., p. 309.

662. **Coast fisheries, North Atlantic,** arbitration at the Hague. Oral argument before the tribunal constituted under an agreement signed at Washington on the 27th day of January, 1909, between His Britannic Majesty and the United States of America. London, 1910. 2 vol. fol. d. veau.   175.—
Contient ensuite:
I. The case of the United States before the Permanent Court of Arbitration at the Hague. 2 vol. — Appendix to the case. — Counter case. — Appendix to the Counter-case. Wash. 1909—10. 5 vol. 8vo. toile.
II. The case presented on the part of the government of His Britannic Majesty. — Argument and Counter-case. London, 1909—10. 3 vol. fol. dont 1 vol. d. veau et 2 vol. br.
International servitudes. Collection of 39 contributions by Bluntschli, Bonfils, Bulmerincq, Calvo, Despagnet, Holtzendorff, Liszt, Mérignhac, de Martens, Oppenheim, Pradier-Fodoré, Westlake, etc. En 1 vol. 8vo. mar. souple.
Protocol of the North Atlantic coast fisheries tribunal of arbitrations. The Hague, 1910. fol. cart.
Award of the North Atlantic coast fisheries. gr. in-fol. En portef. toile.
III. Proceedings in the North Atlantic coast fisheries arbitration before the Permanent Court of Arbitration of The Hague under the provisions of the general treaty of arbitration of April 4th 1908, and the special agreement of January 27th 1909, between the United States of America and Great Britain. Wash. 1912—13. 12 vol. Av. cartes. 8vo. toile.

663. **Codes** rural, forestier, de la chasse et de la pêche, p. L. Limelette. 3e éd. Brux. 1889. pet. in-8vo. toile.   1.—

663a. **Collection** des lois franç. exécut. dans les départ. de la Hollande, etc. depuis 1810. Mises en ordre p. L. Rondonneau. Paris, 1811. 6 vol. 8vo. d. veau.   15.—
Arrêté conc. la police du droit de pêche (an VI). — Arrêté conc. la pêche en Goémon et Varech (an X). — Arrêté relat. à la pêche sur les fleuves navigables (an XII). — Advis sur la pêche des rivières non navigables (an XIII). — etc.

664. **Colom Azn., J.,** De vyerighe colom der seventhien Nederl. Provintien. S. l. (v. 1635). Av. 47 cartes et 3 pl. conten. 117 portr. 4to-obl. vél. 48.—
M. B., no. 3142.
Edition non décrite qui contient le même nombre de cartes que l'édition décrite chez Tiele, no. 259. Pourtant la table mentionne des cartes du „Belmer Meer", „Broecker Meer" et „Buycksloter Meer", qu'on ne trouve pas dans notre exemplaire; probablement ces cartes n'ont jamais été publiées.

665. **Commelin, C.,** Beschrijving van Amsterdam. Amst., Wed. A. Dz. Oossaan, 1694, 93. 2 vol. Av. front., 52 pl. et de nombr. grav. dans le texte. fol. vél. cordé.   50.—
Pp. 679—682: Vischmarkten.

666. **Congrès internat.** de pêches maritimes, d'ostréiculture et d'agriculture maritime. Dieppe, sept. 1898. Comptes rendus publ. p. G. Lalieuville et J. Pérard. Paris, 1899. Av. pl., cartes et ill. gr. in-8vo. d. veau.   10.—

667. **Congres, 1e Nationale visscherij.** Utrecht, 1898. Verslag. Leiden, 1899. 8vo. br.   1.50

668. **Coustumen,** Statuten, enz. v. Vlissingen. Vlissingen, P. de Paaynaar e.a., 1765. 4to. d. veau.   7.50
A la fin: Ordonnantie op de weeskamer van Vlissingen.
Traite e. a. de la pêche et de la pêche du hareng.

669. **Danilewsky, C.**, Coup d'oeil sur les pêcheries en Russie. Paris. 1867. gr. in-8vo. br.   1.25

670. **Doorgeest, E. A. v.**, Kort verhaal van eenige merkw. geschied. in Holland.... in dezelfs opkomst, en oorloogen met Spanje, Engeland enz. van 't eyland in Noord-Holland. En wel deszelfs dorpen, Schermer, Graft, Schermerhorn en de Ryp.... M. opkomste en waare geleegentheid der h a r i n g e n w a l v i s-v a n g s t. Amst. 1744. 8vo. br. 12.—

671. **Drechsel, C. F.**, Oversigt over vore saltvandsfiskerier i Nordsøen og farvandene indenfor skagen samt tillaeg af C.G.J. Petersen. (Christiania?) 1890. Av. 15 cartes et 39 pl. gr. in-4to. d. veau.   6.—
     Traite de la pêche maritime norvégienne.
     Dyalogus creaturarum. V o i r I, n o. 94.

672. **Elias, J. E.**, Het voorspel van den eersten Engelschen oorlog. 's-Grav. 1920. 2 tom. 1 vol. 8vo. toile.   12.50
     Cet ouvrage traite le prélude de la première guerre entre les Anglais et les Néerlandais, 1652—54, d'un point de vue économique.
     Contient e. a.: De ontwikkeling van Nederlands handel en visscherijen. Scheepvaart, nijverheid, enz. als factoren v. h. Nederl. imperialisme in de 17e eeuw.
     Encyclopedie van Nederl.-Indië. V o i r I, n o. 95.
     Encyclopedie van Nederl. West-Indië. V o i r I, n o. 96.

673. **Esquiros, A.**, La Néerlande et la vie hollandaise. Paris, 1859. 2 vol. pet. in-8vo. cart.   1.—
     M. B., no. 3296.

674. —— Nederland en het leven in Nederland. N. h. Fr. d. N. S. Calisch. Amst. 1858. 8vo. d. veau.   1.50

675. —— The Dutch at home. Transl. by L. Wiaxall. London, 1861. 2 vol. 8vo. toile.   3.—

676. **(Eyck, J. van den)**, Corte beschrijvinghe, mitsg. hantvesten, privilegien, enz. v. Zuyt-Hollandt. Dordr., N. Vz. van Spierincxhouck, 1628. Av. front. s e r a p p o r t. à l a p ê c h e p. A. van de Venne et armoiries des différ. localités dans le texte. 4to. veau.   7.50
     P. 285: Acceptatie van de visscherije van Barendrecht.

677. **Faber, G. L.**, The fisheries of the Adriatic and the fish thereof. With a description of the marine fauna of the Adriatic gulf. London, 1883. Av. 42 pl. gr. in-8vo. toile, tr. dor.   7.50

678. **Fiskerier, Norges.** Udg. af Selskabet for de Norske fiskeries fremme. I. Norsk hav fiske (ved. J. Hjort). Bergen, 1905. 2 tom. 1 vol. Av cartes, pl. et ill. gr. in-8vo. cart.   5.—
     H. H. Gran, Nordhavets frits vaevende plante- og dyreliv (plankton). — **J. Hjort**, og **C. G. J. Petersen**, Kort oversigt over de internat. fiskeriundersøgelsers resultater. — **J. Hjort**, Fiske forsøg og fangstfelter. — etc.

679. **Fokker, A. J. F.**, Onderzoek naar den toestand van oester- en mosselkweek- en bewaarplaatsen in Zeeland. Zierikzee, 1905—13. T. I, II, 1, 2, 5, III, 1. 5 fasc. Av. plus. cartes. fol. br.   12.50

680. **Forêts,** chasse et pêche sur l'exposition internat. Bruxelles-Tervueren. Section belge. Brux. 1897. Av. ill. gr. in-8vo. br.   2.50

681. **Fruin, R.**, Tien jaren uit den tachtigjarigen oorlog. Histor. opstellen 1588—98. 7e dr. 's-Grav. (1910). 8vo. toile.   4.20
     M. B., no. 3148.

681a. —— Même ouvrage. 's-Grav. 1924. 8vo. toile.   6.—

682. **Gauthier-Stirum, P. J.,** Voyage pittoresque dans la Frise, une des sept Provinces-Unies. Auxonne, 1837. Av. 6 pl. lithograph. pet. in-8vo. veau bleu, plats gauffrés, av. fil., tr. dor., dos orné. (Reliure du temps). *Rare.* 15.—

Pp. 239—241: Pêche. Joli ouvrage. La reliure ça et la très légèr. frottée.

683. **Gegevens** betr. de haringvisscherij op het einde der 16e eeuw. Medeged. d. H. E. v. Gelder. Amst. 1911. 8vo. br. *Extr.* 1.75

684. **Gesetze** betreffend Jagd, Vogelschutz und Fischerei nebst allen Verordnungen mit Hinweisung auf die Rechtsgrundsätze. 2e Aufl. Wien, 1891. pet. in-8vo. toile. (2.40) 1.25

685. **González y Maroto, F.,** y **M. Sánchez y Jiménez,** Manual de legislación s. pesca maritima. Madrid, 1906. gr. in-8vo. br. 7.—

686. **Gourret, P.,** Les pêcheries et les poissons de la Méditerranée (Provence). Paris, 1894. Av. ill. pet. in-8vo. toile. 1.25

687. **Green, N.,** Fisheries of the North sea. London, 1918. Av. carte et 1 pl. 8vo. toile. (2.70) 1.50

688. **Grotius, H.,** Mare liberum, sive de jure, quod Batavis competit ad Indicana commercia. Ed. nova **prioribus longe emendatior.** Amst., G. Blaeu, 1633.

Cette édition est restée inconnu à Rogge. Très rare. M. B., no. 6256.

Dans la même reliure:

— **Id.,** De jure belli ac pacis. Amst., G. Blaeu, 1632.

Edition très estimée. Voyez Rogge, no. 15.

Nom coupé dans le titre et avec plusieurs annotations marginales.

En 1 vol. pet. in-8vo. vél. 35.—

689. **G(uichard), A. C.,** Manuel des gardes-champêtres, des gardes forestiers, et des gardes-pêche. 4e éd. Paris, 1809. 8vo. br. 1.—

690. **Haersolte, J. W. J. v.,** Het gulden boek der zee. Haarlem, 1914. Av. cartes et ill. gr. in-8vo. d. rel. 2.—

Onze Noordzeevisscherij. — etc.

691. — — Même ouvrage. 2e herz. dr. Haarlem, 1918. Av. carte, 12 pl. et ill. gr. in-8vo. toile. 4.50

692. — — Onze visscherij op Noord- en Zuiderzee. Haarlem, 1924. Av. ill. gr. in-8vo. br. 1.50

693. **Hall, J. J. H. v.,** Terrasgewijze aanleg van hellende terreinen en vischkultuur. Bat. 1872. 8vo. br. *T. à p.* 1.—

694. **Halma, F.,** en **M. Brouer v. Nidek,** Tooneel der Vereen. Nederlanden. Histor., genealog., geograph. woordenboek. Leeuw. 1725. 2 vol. Av. titres gravés, cartes et portr. fol. vél. 25.—

M. B., no. 3309.

Ex. remarquable interfolié de papier blanc, couvert de nombr. annotat. autographes de Fr. van Mieris.

695. **Handboek** voor de kennis van Nederland en koloniën. Samengesteld met medewerking van verschillende departementen van algemeen bestuur en uitgeg. d. h. dept. van Buitenlandsche Zaken. 's-Grav. 1922. Av. 19 cartes et 34 pl. gr. in-8vo. toile. 18.—

Econom.-geograph. positie van Nederland. — Land- en tuinbouw. — Veeteelt en zuivelbereiding. — Afsluiting en droogmaking der Zuiderzee. — V i s s c h e r ij. — Nijverheid. — Mijnwezen. — Handel. — Luchtverkeer. — Waterwegen en havens. — Zeescheepvaart. — Financiën. — Sociaal beleid. — Koloniën. — etc.

Cet ouvrage veut faire connaître, surtout à l'étranger, la position économique de la Néerlande et ses colonies.

696. **Handbook, The official,** of New Zealand. Collection of papers by colonists. Ed. by J. Vogel. 2d ed. London, 1875. Av. 2 cartes et 29 pl. 8vo. toile. 6.—
P. 40: Animal (e.a. fishes) and vegetable production. — P. 105: Fish curing (in Otago).

697. **Handvesten,** privilegien, voorregten, enz. midsg. sententiën, verbonden, e. a. voornaame handelingen van Dordrecht. M. geschied- en oudheidk. aanmerk. d. P. H. v. d. Wall. Dordr., P. v. Braam, 1790. 3 vol. fol. veau, dos dor. *Bel ex.* 40.—
.Pp. 587—588: Uitspraak v. h. Geregt van Dordrecht over de verschillen betr. visscherij in de Merwede. — Pp. 1154—1157: Keizer Karel verlengt het octrooi v. d. Groote Brabandsche landtol op de inkoomende zalm, voor 10 jaren.

698. **Haringvisscherij, De,** met veele bijzonderheden daartoe betrekkelijk. Amst. 1786. Av. 1 pl. 4to. br. *Taché d'eau.* 4.—

698a. **Harven, E. de,** La Nouvelle Zélande. Histoire, géologie, climat, gouvernement, institution, agriculture, statistique etc. Anvers, 1883. Av. cartes. gr. in-8vo. br. 3.—
Pp. 22—23: Pêcheries.

700. **Haskin, F. J.,** The American government. Rev. (ed.) Philad. 1923. Av. 24 pl. 8vo. toile. 5.50
The president. — Public health service. — Marine corps. — Air forces. — Bureau of fisheries. — etc.

701. **Henking, H.,** Over instellingen ten bate van zeevisschers in Duitschland. Vert. d. H. C. Redeke. Helder, 1901. 8vo. br. *T. à p.* 1.—

701a. **Heresbach, K.,** The whole art and trade of husbandry, in four books. Enlarged by B. Googe. London, 1614. 4to. d. veau. 20.—
I. Earable ground, tillage and pasture. — II. Gardens, orchards, and woods. — III. Feeding, breeding and curing of cattell. — IV. Poultrie, fowle, fish and bees.
Le titre et les 8 ff. prélim. manquent. Le texte est complet.

702. **Hermann, C. B.,** De handel in versche visch te IJmuiden. 1896. — **F. P. Vermeulen Pz.,** De exploitatie v. d. Rijksvischhal. Velsen, 1900. — etc. Ens. 3 pièces. 8vo. br. 1.—

703. **Heymann, J. A.,** De voeding der oester. 's-Grav. 1914. Av. figg. 8vo. br. 1.75

704. **Hjort, J.,** og **K. Dahl,** Fiskeforsøg i Norske Fjorde. Kristiania, 1899. Av. 40 ill. gr. in-8vo. cart. 2.50

705. **Hoek, P. P. C.,** Rapport over de oorzaken v. d. achteruitgang in hoedanigheid van de Zeeuwsche oester. 's-Grav. 1902. Av. carte et 6 pl. gr. in-8vo. br. 2.50

706. — — Rapport over de schelpdiervisscherij en schelpdierendeelt in de Noordelijke Zuiderzee. 's-Grav. 1911. Av. 10 pl. 4to. cart. 1.50
Voyez aussi I, no. 145.

707. **Hogendorp, G. K. v.,** Bijdragen tot de huishouding van staat. 2e verb. uitg. Uitgeg. d. J. R. Thorbecke. ('s-Grav. 1864). 10 tom. 5 vol. gr. in-8vo. d. veau. 10.—
M. B., no. 3357.

708. **Holle, K. F.,** Handleid. voor de zoetwatervischteelt, boterbereiding op Java, verdrijving van rupsen, etc. Bat. 1873. 8vo. br. 1.—

709. **Hoogendijk Jz., A.,** De grootvisscherij op de Noordzee. Haarlem, 1893. Av. cartes, pl. et tabl. statist. gr. in-8vo. br. 5.—

710. **Hoogendijk Kz., J.,** Ontwikkeling van Vlaardingen, 1814—1913, met statist. overzicht. Vlaard. 1913. 8vo. cart. 1.50
     P. 15: Visschers-weduwen- en weezenfonds. — P. 157: Idem (statistisch) overzicht, 1897—1912.
     Marque de bibliothèque sur le titre.

711. **Huet,** Histoire du commerce et de la navigation des anciens. Lyon, 1763. Av. grav. sur le titre. 8vo. d. veau. 5.—
     P. 247: Pêche du Pont-Euxin, etc.

712. — — Historie v. d. koophandel en zeevaart der aloude volkeren. (U. h. Fr.). Delft, R. Boitet, 1722. Av. front. pet. in-8vo. veau. 5.—

713. **Hunter, W. W.,** The Imperial Gazetteer of India. 2d ed. London, 1885— 87. 14 vol. 8vo. d. veau. (37.80) 10.—
     Fisheries. — Fishes of India. — Fish curing. — Fish trade. — etc.

714. **Instructie** voor de pachters, ... in de opheve v. d. impositien ende lasten, op sout, visch, ende harinck. Ghendt, 1670. 4to. br. 2.50

715. **Jaager, C. J. de,** en **H. J. W. v. Lawick v. Pabst,** Rapport nopens de vischvijvers op Java en Madoera. Bat. 1903. Av. 3 pl. et 3 tabl. graph. gr. in-8vo. br. 2.—

716. **Jaarboek** van het Rijksinstituut voor het onderzoek der zee, 1906, 08. Helder, 1907, 09. 2 vol. Av. carte, pl. et ill. gr. in-8vo. br. 2.—

717. **Jaarboeken, Nederlandsche,** inhoud. een verhaal van de merkwaerd. geschiedenissen voorgevallen binnen den omtrek der Vereen. Provintiën, 1747—65. M. bijv. en 4 registers. Amst. 1748—65. 28 vol. — **Nieuwe Nederlandsche jaerboeken** of vervolg der merkwaard. geschiedenissen, 1766—94. Leiden, Amst. 1766—94. 66 vol. — **Jaarboeken** der Bataafsche Republiek, 1795—98. 14 vol. — Ens. 108 vol. 8vo. d. veau unif. (sauf 3). 250.—
     M. B., no. 3153. Annuaires néerland. d'histoire contemporain. Contient de nombr. documents authentiques. Traitent e. a. de la pêche, de la pêche du hareng, de la pêche des baleines, etc.

718. **Jaarboekje, Staatkundig en staathuishoudkundig.** Uitgeg. door de Vereeniging van statistiek. Amst. 1849—84. Av. tables. 36 vol. 8vo. dont 33 d. veau, 2 toile et 1 br. 70.—
     M. B., no. 3154. Annuaire politique et économique des Pays-Bas conten. une foule de données très importantes, qui ne sont pas publiées ailleurs. Tout ce qui a paru.

719. **Jaarcijfers** omtr. bevolking, landbouw, handel, belasting, enz. (Annuaire statistique des Pays-Bas) over 1881—86. 's-Grav. 1882—87. 6 vol. — **Idem.** Nederland over 1887—1920. 's-Grav. 1887—1922. 34 vol. — **Idem.** Koloniën over 1887—1919. 's-Grav. 1888—1921. 33 vol. — Ens. 67 vol. gr. in-8vo. br. 150.—
     Annuaire statistique des Pays-Bas et de ses colonies sur la population, l'agriculture, le commerce, les impôts, etc. Série complète. En partie épuisé.

720. **Jaarverslag** omtrent het beheer v. d. visschershaven te IJmuiden over 1901—11 door den directeur der visschershaven. (IJmuiden, 1902—13). 11 tom. 5 vol. Av. tabl. 4 vol. 4to. cart., 1 8vo. br. 24.—
     Les tables des années 1901—07 n'existent pas.

721. **Jaarverslag** omtr. den toestand der visscherijen op de Schelde en Zeeuwsche stroomen over 1890—1919. Tholen, 1891—1920. 30 vol. Av. figg. 8vo. br. 40.—
     Rapports annuels concern. les pêcheries sur l'Escaut et les autres fleuves de Zélande.

722. **Jahresbericht** der Hamburgischen Fischereidirektion für 1908—12. Hamburg, 1909—13. 5 fasc. gr. in-4to. br.   5.—

723. **Jançon, K. M.**, De Republiek der Vereen. Nederlanden. 2e dr. 's-Grav. 1736. 4 vol. Av. front. p. B. Picart. pet. in-8vo. vél.   4.50
M. B., no. 3485.

724. **Jenkins, J. F.**, The sea fisheries. London, 1920. Av. cartes et pl. gr. in-8vo. toile.   15.—

725. **Jonge, J. C. de**, Geschiedenis v. h. Nederl. zeewezen. 2e dr. verm. met aant. v. d. schrijver en uitgeg. onder toezigt van J. K. J. de Jonge. Met Register. Haarlem, 1858—62. 6 tom. 5 vol. Av. 45 portr., cartes et pl. gr. in-8vo. d. veau. *Bel ex.*   45 —
Traite e. a. de la protection de la pêche et de la pêche des harengs contre les corsaires de Dunkerque pendant les guerres avec les Anglais.

726. **Just, Th. C.**, The official hand-book of Tasmania. 2d ed. Launceston, 1883. Av. carte. 8vo. br.   1.—
Chapt. XX: Our fisheries. — etc.

727. **Kampen, P. N. v.**, Overzicht der hulpmiddelen bij de zeevisscherij van Java en Madoera. — **Id.**, De paarl- en parelmoervisscherij langs de kusten der Aroe-eilanden. — Buitenzorg, 1908. 2 pièces. Av. figg. gr. in-8vo. br.   2.—
Mededeel. Visscherij-station te Batavia, 1, 2.

728. — — Visscherij en vischteelt in Nederl.-Indië. Haarlem, 1922. Av. 61 ill. 8vo. br.   2.25

729. **Keuchenius, W. M.**, De inkomsten en uitgaven der Bataafsche Republiek voorgesteld in eene nationaale balans om onze maatschapp. belangen, landbouw, v i s s c h e r ij e n, etc. tegen elkander te berekenen. Amst. 1803. 8vo. br.   2.—
M. B., no. 3157.

730. **Kluit, A.**, Historiae federum Belgii primae lineae. L. B., S et I. Luchtmans, 1790. 3 vol. — **Id.**, Primae lineae collegii diplomat.-histor. polit. sistentes vetus jus publ. belg. histor. enarratum. Ibid., C. van Hoogeveen, 1780. 1 vol. — Ens. 4 vol. 8vo. d. veau.   7.50
M. B., no. 3158.

731. — — Historie der Hollandsche staatsregeering tot 1795. Amst. 1802—05. 5 vol. 8vo. d. veau.   15.—
M. B., no. 6221.

732. **Kok, J.**, Vaderlandsch geschied-, aardrijks-, geslacht- en staatkundig woordenboek. M. bijv. 2e uitg. Amst. 1795—99. 38 tom. 19 vol. Av. 58 portr. et pl. 8vo. d. rel.   25.—
M. B., no. 3365. T. VI, pp. 516—517: Willem Beukelsz. — T. XX, pp. 441—443: Haringvisscherij.

733. **Koningsberger, J. C.**, Visscherij-station te Batavia. Buitenzorg, 1907. Av. 4 pl. gr. in-8vo. br. *T. à p.*   1.—

734. **Krafft, G.**, Thierzuchtlehre. Berlin, 1876. Av. 209 figg. 8vo. d. veau. 1.—
P. 307: Die Fischzucht.

734a. **Labberton, D. v. Hinloopen**, Geïllustr. handboek van Insulinde zijnde een synthet. catalogus v. d. oeconom. staat v. d. Ned. Ind. archipel. Amst. 1910. Av. cartes et de nombr. ill. 8vo. toile. *Epuisé.*   10.—
P. 77—79: Jacht en visscherij.

735. **Leeuwen, S. v.,** Batavia illustrata, ofte oorspronk, voortgank van Oud Batavien, mitsg. van de adel en regeringe van Hollandt. 's-Grav. 1685. 2 vol. fol. d. vél. *Ex. en grand papier.* 25.—
M. B., no. 3160.

736. — — Même ouvrage. 2 vol. vél. cordé. *Bel ex.* 30.—

737. **Le Petit, J. F.,** La grande chronique ancienne et moderne de Hollande, Zelande, West-Frise, Utrecht, Frise, Overyssel et Groeningen jusques à la fin de l'an 1600. Dordr. 1601. 2 vol. Av. titres gravés et de nombr. portr. p. v. Sichem. fol. veau. 25.—
M. B., no. 3380.

738. **L'Espine, Le Moine de,** Den koophandel van Amsterdam, naar alle gewesten des weerelds. Verm. d. I. Le Long. 3e dr. Amst., A. v. Damme en J. Ratelband, 1719. 2 vol. Av. front. pet. in-8vo. vél. 20.—
M. B., no. 3130.

739. — — Même ouvrage. 7e dr. Rott., Ph. Lovel, e. a., 1753. 2 vol. Av. front. pet. in-8vo. vél. 25.—

740. **Lois, S.,** Cronycke ofte beschryvinge van Rotterdam, 1270—1671. M. hantvesten en privilegien, enz. 's-Grav., O. en P. v. Thol, 1746. 4to. vél. 8.—
1341. Bevel.... nopend het ophalen van de stalen in de visscherij. — 1395. Extract raek. idem. — 1484. Consent om twee jocke te vullen om het oversteken van de visbanken.·— 1548. Consent van heemraden van 't oversteken van de visbanken. — etc.

741. **Lorié, J.,** De stormvloed van December 1894 en het vraagstuk der schelpvisscherij langs onze kust. Leiden, 1897. Av. 2 pl. 8vo. br. *Extr.* 1.—

742. **Luzac, E.,** Hollands rijkdom, behelz. den oorsprong v. d. koophandel en van de magt van dezen staat. U. h. Fr., verand. en verm. Leyden, 1780. 4 vol. 8vo. d. rel. 15.—
En partie traduction de l'ouvrage français d'Accarias de Serionne: La richesse de la Hollande, mais avec beaucoup d'augmentations.
T. I, pp. 125—146: Van de visscherij. — Pp. 345—350: Noordsche visscherij en koophandel. — Bijlage B: Voorrechten raak. de visscherij en koophandel op 't eiland Schonen. — C. Gunstbrieven van koningen van Zweden en Denemarken betr. visscherij. — F. Placaet beroer. 't visschen met vluwen op de Maze. — G. Brief van Willem IV raak. den vischstapel te Naerden. — T. II, pp. 258—281: Haringvangst, walvischvangst, kabbeljaauwvangst. — T. III, chap. IX: Schadelijke invloed der belastingen op de vaart, koophandel, visscherijen, etc.

743. — — Même ouvrage. 4 vol. d. veau. 20.—

744. **Macks, J. A. Op de,** Ontstaan en tegenw. toestand der Nederl. vischkweekerij te Velp, 1871—76. Arnhem, 1876. 8vo. br. 1.—

745. **Maison rustique** du XIXe siècle, conten. les meilleures méthodes de culture usitées en France et à l'étranger. Réd. p. Bailly, Bixio et Malpeyre. Paris, 1849. 5 vol. Av. 2500 grav. gr. in-8vo. d. rel. 12.—
M. B, no. 2903.

746. **Mededeelingen** van het bureau voor de bestuurszaken der buitenbezittingen, bewerkt door het Encyclopaedisch Bureau. Bat. 1911—22. T. I—XXIX. Av. cartes et pl. fol. et gr. in-8vo. toile et br. 150.—
Publications du Bureau des affaires gouvernement. des Indes Néerland. Orient. en dehors de Java et Madoera.
T. II (Tahoelandang, Siaoe, Taboekan, etc.).... Nijverheid, landbouw, jacht en visscherij, etc. — T. X (Buitenbezittingen, 1904—14).... Visscherij, etc.

Mart. Nijhoff, à La Haye. — Cat. No. 511

747. **Mededeelingen** en Verslagen van de Visscherijinspectie. Uitgeg. d. h. Dept. van Landbouw, Nijverheid en Handel. 's-Grav. 1912—19. Nos. 1—25. 94 vol. Av. pl. 8vo. br.   50.—
Pour le précurseur voir le no. 871.

748. **Mededeelingen** over visscherij. Maandblad met gebruikmaking van officieele bescheiden uitg. d. H. C. Redeke. Den Helder, 1904—16. Année XI—XXIII. Av. tables des t. I—XV. 13 vol. En livr.   35.—
Communications mensuelles sur les pêcheries des Pays-Bas.

749. **Mercurius, Hollandsche,** behels. het gedenckweerd. in Christenrijck voor-gevallen, 1650—90. Haarlem, Casteleyn, 1651—91. 41 tom. 12 vol. Av. front., cartes, portr., pl. en ill. p. Rom. de Hooghe, Savary, e. a. 4to. dont 11 vol. vél., 1 veau.   450.—
M. B., no. 3045. Avontuyr van twee visboten, 1652. — Engelse willen de haring-vangst troubleren, 1661. — (Engelschen en Nederlanders) presenteren de vryheydt van weder zijts vissers. 1665. — De Fransen willen een compagnie van haringvangst opstellen, 1671. — etc.

750. **Mercurius, Maandelijkse Nederlandsche,** geevende een volledig bericht van alles, wat er.... in Europa is voorgevallen, nevens de origineele stukken.... als placaten, memorien, tractaten, etc. Amst., A. Mourik, 1758—75. T. IV—XXXIX. Av. de nombr. portr., pl. et ill. En 9 vol. 4to. dont 8 vél., 1 d. bas.   125.—
T. IV, p. 201: Vlaardingen. Haaring en vischjagers. — T. V, p. 67: Aanspraak v. d. graaf d'Affry wegens 't beneficie op haring. — Pp. 17, 162: Groenland des selfs visscherij en scheepen. — T. VII, p. 42: Placaat aang. de haring. — T. XXXVI, p. 179: Groote visch te Napels gevangen. Le titre du t. X manque.

751. **Meurer, N.,** Jag- und Forst-Recht, d. i. Underricht wie Chur- und Fürstl. Lande Gebiet und Verhawung der Wälde, auch F i s c h e r y e n in Ordnung zuhalten. Mit einer lustigen Jäger-kunst, Weydspruchen und jägerischen Dialogis. Franckf. 1643. fol. br.   15.—

752. **Mieris, F. van,** Groot charterboek d. Graven van Holland, van Zeeland en Heeren van Friesland, 523—1426. M. aanmerk. Leyden, 1753. 4 vol. gr. in-fol. d. veau.   32.—
M. B., p. 309. Dos du t. I légèr endommagé.

753. **Mohamad Oemar,** Handl. voor de teelt van zoetwatervisch. (Texte javan.). Bat. 1866. 8vo. br.   1.50

754. **Moser, J. F.,** The salmon and salmon fisheries of Alaska. Wash. 1902. Av. de nombr. cartes et pl. 4to. toile. *T. à p.*   5.—

755. **Mulier, W.,** Vischkweekerij en instandhouding van den vischstand. Haarlem, 1900. Av. plus. figg. gr. in-8vo. br.   4.—

756. **Muller Fz., S.,** Mare clausum. Geschied. der rivaliteit van Engeland en Nederland in de 17e eeuw. Amst. 1872. 8vo. cart. *Epuisé.*   6.—
M. B., no. 3162.

757. **Namur, P.,** Comment. de la loi de 1883 sur la pêche fluviale. Brux. 1883. 8vo. br.   2.50

758. **Nickolls, J.,** Remarques sur les avantages et les desavantages de la France et de la Gr. Bretagne, par rapport au commerce et aux autres sources de la puissance des états. Trad. de l'angl. Nouv. éd. corr. Amst., F. Changuion, 1754. pet. in-8vo. d. veau.   10.—
Traite e. a. de: Productions naturelles de l'Angleterre (des bleds, des laines) des métaux, des p ê c h e r i e s, etc.

759. **Nieuwenhuis, G.,** Woordenboek van kunsten en wetenschappen. Leyden, 1855—68. 10 vol. Av. ill. gr. in-8vo. d. veau. (92.60)   18.—
    M. B., no. 3050.

760. **(Nievelt Az., M. v.),** Vlaardingen in zijne opkomst, aanwas, geschied., voorrechten, koophandel, h a r i n g- e n v i s c h v a a r t, kerk- en waereldlijke gebouwen, schutterye, gilden en regeering.... Achteraan.... Eerkroon voor Vlaardingen d. A. Hoogvliet. Amst. 1807. Av. plan, portr. et 9 pl. se dépliant. fol. cart.   7.50

761. **Nota** over den invloed van de mosselteelt en de mosselvangst op de bevaarbaarheid der Zeeuwsche stroomen en op de veiligheid der oevers. Midd. 1901. fol. br.   1.—

762. **Notas** sobra Portugal. Exposição nacional do Rio de Janeiro em 1908. Secção portuguesa. Lisboa, 1908, 09. 2 vol. Av. plus. cartes, pl. et ill. gr. in-8vo. br.   10.—
    Ouvrage important sur le Portugal contemporain.
    Contient e. a.: As pescas em Portugal. — etc.

763. **Notulen** van de Staten van Zeeland, 1594, 95, 1640, 42, 1742, 52, 95, Jan. — Juni. — Notulen van de Representanten v. h. volk van Zeeland, 1795, Juli—Dec., 96, 97, 1803. — En tout 10 vol. fol. vél.
    Chaque vol. 10.—
    M. B., p. 309. L'année 1640, entamée de la rouille sans nuire au texte.

764. **Notulen** van Zeeland. 1574—86.'s-Grav. 1915—19. 5 vol. fol. d. vél. 125.—
    M. B., p. 309. Imprimé en 120 exx., dont 25 pour le commerce.

765. **Nuyssenburg, I. v.,** Beschrijving van Geertruidenberg. Opkomst, bloei.... verlossing van de Spanjaarden enz. Dordr. 1774. 8vo. toile. (Rel. mod.)   10.—
    M. B., no. 4374.

766. **Onderzoek** naar de mindere welvaart der inlandsche bevolking op Java en Madoera. Bat. 1906—15. 164 parties. fol. br.   150.—
    Enquête sur la régression de la prospérité de la population indigène de Java et Madoera. Collection complète. En partie épuisé.
    Contient e. a.: Vischteelt en visscherij. — etc.
    Ajouté: Alfabetisch register op de welvaartseditie.

767. **Ontwerp** voor een visschershaven te Scheveningen. 's-Grav. 1895. Av. 3 plans. gr. in-4to. d. rel.   1.50

768. **Oorkondenboek** v. Holland en Zeeland. Eerste afdeeling: tot het einde v. h. Hollandsche huis, bew. d. J. Th. C. van den Bergh. M. Suppl. d. J. de Fremery. 's-Grav. 1868—1901. 3 tom. 2 vol. 4to. dont I—II en 1 vol. toile, III cart.   75.—
    M. B., p. 309. Epuisé et rare.

769. **Ordonnance** de Louis XIV sur le fait des eaux et forests, verifiée en parlement le 13 Août 1669. Augm. des édits, etc. rendus en consequence. Paris, 1735. 2 tom. 1 vol. pet. in-8vo. veau.   4.50
    Traite aussi de la pêche et chasse dans les eaux et les forêts.

770. **Ordonnances** et édits sur la pêche et le commerce du hareng en Hollande. Publ. à Delft p. G. v. Graauwenhaan en 1785. 20 pièces en 1 vol. 4to. d. bas.   75.—
    Cette très remarquable collection, d'un grand intérêt pour l'histoire de la pêche du hareng en Hollande, se compose de 19 ff. in-plano, dont qq.-unes imprimées en rouge et 1 vol. de 28 pp. in-4to. Voici quelques titres:
    1. Placcaet en ordonnantie, beroerende het vangen, zouten, havenen, keuren, pakken, enz. v. d. haring.
    2. Ordonnantie op de vent-jagerije.

Mart. Nijhoff, à La Haye. — Cat. No. 511

3. Waarschuwinge tegens het kerven van want, het beschadigen van mal-
kanderen .... alsmede het onbehoorlijk visschen bij de Engelschen.
4. Tegens het geven van toegiften bij het verkoopen van vers-haring.

771. **Ordonnances.** Les mêmes ordonnances et édits, mais tous datés 1786,
avec quelques changements.   75.—

772. — — Les mêmes ordonnances et édits, mais datés 1788, avec quelques
changements.   75.—

773. — — Les mêmes ordonnances et édits, mais datés 1789, avec quelques
changements.   75.—

774. — — Les mêmes ordonnances et édits, mais datés 1794 et augm. de la
pièce suivante: „Waarschouwinge tegens het aanbrengen en verkoopen
van schooy- of bra-haring, door de equipage van de ventjagers". 80.—

775. **Pêche maritime.** — 44 Ecrits. 1818—1918. 4to et 8vo. br. *Qq. t. à p.* 15.—
E. de Brouwer, Verslag op de internat. tentoonst. van visschers werktuig
te Amsterdam. 1862. — **P. P. C. Hoek,** Het visschen met ankerkuilen. 1897.
— **Jaarverslag** omtr. het beheer v. d. visschershaven te IJmuiden over 1908.
— **Naamlijst** der haring-schepen in Z.- en N.-Holland uitgerust etc. 1867. —
P. J. Rikkert, Vlaardings wintervisscherij. 1839. — **A. Schultz,** Les pêcheries
et la chasse aux phoques dans la Mer Blanche, l'Océan Glacial et la Mer
Caspienne. 1873. — etc.

776. **Pêche dans les pays du Nord.** — 6 Ecrits en suédois, norvégien et alle-
mand. 1886—1912. fol., gr. in-4to et gr. in-8vo. cart. et br.   5.—
P. T. Cleve, G. Ekman e. a., Skageracks tillstånd under den nuvarande
sillfiskeperioden. 1897. — **F. Trybom,** Biolog. undersöking., 1901—05. 1904,
06. 2 pièces. — **S. Grenander,** Ueber das Erscheinen der Seebrise an der
schwed. Ostküste. 1912. — etc.

777. **(Pilati de Tassulo, Ch. A.),** Lettres sur la Hollande. La Haye, 1780.
2 vol. 8vo. d. rel.   4.50
Lettre XI: Cause première du commerce de la Hollande. Pêche du hareng.
Pêche de la baleine.

778. **Placaet-boeck, Groot,** van de Staten-Generaal en van de Staten van
Holland en Zeeland, 1576—1795. Verzam. d. C. Cau, S. v. Leeuwen, J.
en J. P. Scheltus en J. v. d. Linden. 's-Grav. 1658—1797. Av. table. 10
vol. fol. vél.   125.—
Plusieurs placards traitent de la pêche, de la pêche du hareng, de la Com-
pagnie de Groenlande, etc.

779. **Placaet-boeck, Groot Gelders,** 1543—1700. Uitgeg. d. van Loon en
Cannegieter. Nijm. en Arnhem, 1701—40. 3 tom. 2 vol. fol. d. veau
(pas uniforme).   30.—
M. B., p. 310.

780. **Placcaet-Boek, Hollandts,** begrijp. de placcaten, ordonnantien ende oc-
troyen, uytgeg. by de Staten van Holland ende West-Vriesland, 1580
—1645. Amst. 1645. 3 tom. 1 fort vol. fol. vél. cordé.   25.—
M. B., p. 310.

781. **Placaatboek, Groot,** 's-lands van Utrecht (1528—1728). Uitgeg. d. J.
van de Water. Utr. 1729. 3 vol. — **Id.,** (—1820) d. C. W. Moorrees en
P. J. Vermeulen. Utr. 1856—60. 2 vol. — Ens. 5 vol. fol. dont 3 vél.
cordé, 2 d. vél.   80.—
M. B., p. 310.

782. **Placaat- en Charterboek** v. Vriesland, aanvang neemende met de oud-
ste wetten d. Friezen, tot 1686. Uitgeg. d. G. F. Thoe Schwartzenberg.
Leeuw., W. Coulon, H. Post, 1768—93. 5 vol. fol. d. veau. (t. III veau).
                                                            200.—
M. B., p. 310.

Mart. Nijhoff, à La Haye. — Cat. No. 511

783. **Placaten,** Ordonnantien, enz. betr. de jacht, de visscherij, de schutterij, de brand, enz. in de prov. Groningen. Gron. 1599—1805. Ens. 901 pièces. fol. et 4to. En 16 vol. 4to et 8vo. cart.   400.—
Collection très importante. 305 pièces de 1599—1700. — 573 pièces de 1700—99. — 23 pièces de 1800—1805.

784. **Placaeten,** Ordonnantien, Publicatien, enz. v. d. lande v. Utrecht. 1769—88. Ens. 111 pièces en 1 vol. 4to. d. bas.   20.—
Contient e. a.: Reglem. rakende de visscherije in de rivieren 1781; etc.

785. **Placaten,** Ordonnantien enz. v. Zeeland. (Kuere 1635; policie 1583; schutten v. d. v i s c h 1620; jacht, vogelrije, v i s s c h e r ij e enz. 1623—75; impost op de wijnen, bieren, zout, zeep ende laeckenen 1633; etc.). Middelb. 1583—1675. Ens. 18 pièces. 4to. br.   20.—

786. **Placcaat** v. d. Staten v. Holland enz. beroer. het vangen, zouten, enz. v. d. haring. Delft, M. van Graauwenhaan, 1794. 4to. br.   2.50

787. — — Même ouvrage. 1796. 4to. br.   2.50

788. — — Même ouvrage. 1797. 4to. br.   2.—

789. **Placcaet** v. d. St. Generael, waernae d'ingesetenen gehouden zijn haer jeghens de visschers van Schotlandt te dragen. 's-Grav. 1618. — **Idem.** 's-Grav. 1625. — **Placcaet**.... daer by H. Mog. verbieden den uyt-voer van.... ledige harinck-tonnen, etc. 's-Grav. 1614. — etc. 4 pièces. 4to. br.   7.50

790. **Plante Fébure, J. M.,** West Indië in het Parlement, 1897—1917. Bijdr. tot Nederlands koloniaal-politieke geschiedenis. 's-Grav. 1918. gr. in-8vo. br.   4.50
P. 113: Vischvangst. — P. 192: Vischvangst, schildpadden, etc.

791. **Pompe v. Meerdervoort, J. W. J.,** Reglement op de bevissching der Schelde en Zeeuwsche stroomen. Leiden, 1891. 8vo. toile.   1.75

792. **Proces-Verbaux** de la Conférence ayant pour objet les mesures dans l'intérêt du repeuplement et saumons de la Meuse et de ses affluents, 1—16 Sept. 1890. La Haye, 1890. fol. br.   1.—

793. **Proclamations,** lois etc. du roi (Louis XVI) concern. la marine, 1 janv. 1790—16 oct. 1791. 54 pièces en 1 vol. 4to. d. veau.   20.—
Contient e. a:: Loi rel. aux pêcheurs. — etc.
Une proclamation en ms.

794. **Publicatien,** notificatien enz. van Amsterdam. 1748—85. 282 pièces en 2 vol. gr. in-fol. d. bas.   75.—
Collection fort curieuse de publications, ordonnances, etc. imprimées d'un côté et destinées pour être affichées. Intéressant pour la connaissance du gouvernement d'une ville (Amsterdam) de la République dans la 2e moitié du 18e siècle, e. a. par rapport aux corporations.
Contient e. a.: Haringpakken. — Vischopkoopers. — Haring, bokking en zoete vis en 't maken van haringtonnen. — Vischbennen, schelvischbennen, kabeljauwbennen. — etc.

795. **Publicatien,** notificatien, reglementen, etc. v. h. Uitvoerend Bewind der Bataafsche Republiek, 1795—1807. Ens. environ 150 pièces. 8vo. br.   25.—
Contient e. a.: Visschen en raapen van oesters op de banken van Ierseke en Wemeldingen. 1799. — Reglement op het jagen, vogelen en visschen. 1799. — Vangen, zouten, havenen, etc. v. d. haring. 1804. — etc.

796. **Raleigh, W.,** Remains. London, 1669. 3 tom. 1 vol. Av. portr. 12mo. veau.   10.—
M. B., no. 3252.

Mart. Nijhoff, à La Haye. — Cat. No. 511

797. **Rapporten** en verhandelingen uitgeg. door het Rijksinstituut voor visscherijonderzoek. 's-Grav. 1913—20. T. I, 1—4. Av. pl. gr. in-4to. br.
6.75

798. **Rapports de congrès divers d'aquiculture et de pêche.** — 23 **Ecrits** en français, allemand, anglais, etc. 1883—1913. fol., gr. in-4to et 8vo. cart. et br. 7.50
24th **Annual report** of the local government board, 1894—95. On oyster culture in relat. to disease 1896. — **Rapports** du Jury internat. Cl.53. Engins, instruments et produits de la pêche, p. E. Perrier et A. Falco. 1901. — **F. Duge, H. Henking, O. Wilhelms,** Bericht über die internat. Fischerei-Austellung in St. Petersburg, 1902. — **Forhändl.** vid Nordiska fiskerykonferensen, 1904. — **R. Legendre,** La pêche chez les peuples primitifs. 1912. — etc.

799. **Rathgen, K.,** Japans Volkswirtschaft und Staathaushalt. Lpz. 1891. Av. carte en couleurs. gr. in-8vo. br. 4.50
Pp. 360—366: Fischerei.

800. **Raynal, G. Th.,** Wijsgeerig en staatkund. geschied. van de bezittingen en den koophandel der Europeanen in de beide Indiën. U. h. Fr. Amst. 1775. 10 vol. Av. portr., cartes coloriées et pl. p. Eisen. 8vo. br. 12.50
M. B., no. 3670.

801. **Recueil** van alle de placaten, ordonnantien, resolutien, instructien, lysten enz., betreff. de admiraliteyten, convoyen, licenten, en verdere zee-saaken, 1492—1771. 's-Grav., J. Scheltus, 1730—75. 11 vol. Av. tables. Ens. 12 vol. 4to. vél. 175.—
Contient e. a. plus de 50 placards, ordonnances, etc. sur la pêche, la pêche du hareng, la pêche des baleines près de Groenlande, Islande, etc.

802. **Recueil** v. d. placcaten, ordonnantien enz. op 't stuck van de wildernisse, hout-vesterye, vogelerye ende v i s s c h e r y e. Meest geemaneert zedert Merula (in 1605). 's-Grav., J. Scheltus, 1672. 4to. vél. *Rare.* 24.—
Dans la même reliure: **Placaet** ende ordonnantie op de groote ongeregeltheden die gebeuren in 't jagen, vangen, ende schieten van alderhande wilt, enz. in Hollant. 's-Grav. 1684. Un petit coin du dern. f. enlevé.

803. **Redeke, H. C.,** Rapport over onderzoekingen betr. de visscherij in de Zuiderzee, in 1905 en 1906. 's-Grav. 1907. Av. 38 pl. dont qq.-unes color. gr. in-4to. br. 4.—

804. — — Die holländ. Schollenfischerei und die Naturgeschichte der Scholle in der südl. Nordsee. Helder, 1909. Av. carte. 4to. br. *T. à p.* 1.75

805. **Régulation internat. de la pêche maritime, océanographie, expéditions.** — 150 **Ecrits** en français, anglais, allemand, suédois, etc. 1862—1913. fol., gr. in-4to et 8vo. cart. et br. *Qq. t. à p.* 75.—
Albert de Monaco, Campagnes scientifiques de „l'Hirondelle", „la Princesse Alice", etc. 1886—1900. 8 pièces. — **J. Hjort,** Die erste Nordmeerfahrt des norweg. Fischereidampfers „Michael Sars", 1900, unter Leitung von J. Hjort. 1901. — **A. Otterström,** Die Seefischerei in den daenischen Gewaessern innerhalb Skagens. 1904. — **Eine Fahrt** des „Poseidon" in das Fanggebiet der groszen Heringfischerei, 1905. 1907. — **D. S. Jordan,** Work of the internat. fisheries Commission of Gr. Britain and the U.-S. 1910. — **C. H. Stevenson,** Internat. regulations of the fisheries on the high seas. 1910. — **J. Richard,** Le Musée océanograph. de Monaco. 1910. — **R. H. Rew,** Internat. fishery statistics. 1911. — etc.

806. **Rendella P.,** De pascuis, defensis, forestis et aquis. Neap. 1726. fol. veau. 10.—
P. 37: Usus piscandi, et an liceat casam facere in ripa fluminis sicut in litore. — P. 86: In locubus et stagnis privatis non licet piscari sine licentia Universitatis. — P. 121: Piscatio Tarentina privati iuris est.

807. **Renovatie** en ampliatie placaat (d. Staten v. Holland enz.) op het visschen in rivieren, meeren en binnewaateren. 's-Grav., J. en P. Scheltus, 1709. 4to. br.   2.50

808. **Report, Fourth Annual,** of the commissioners of fisheries, game and forests of the State of New York. N. Y. 1899. Av. 74 pl. en couleurs et en noir et 31 ill. gr. in-4to. toile.   15.—
     Belle publication, conten. e. a. des articles de G. N. Calkins, W. F. Fox, J. Gifford, e. a., comme: The dogfish; The common eel; etc.

809. **Report, 31st annual,** of the fishery Board for Scotland, 1912. London, 1913. 8vo. br.   1.—

810. **Report** on Norwegian fishery and marine investigations. Ed. by J. Hjort. Kristiania, Bergen, 1900—09. 2 tom. 3 vol. Av. de nombr. cartes et tabl. gr. in-8vo. toile.   25.—
     En partie épuisé. Tout ce qui a paru.

811. **Report, 29th—42d Annual,** of the Salmon and freshwater fisheries (England and Wales). (1889—1902). —(*Continué par:*) **Board of agriculture and fisheries.** Annual report of proceedings under the salmon and freshwater fisheries acts, 1903—12. — London, 1890—13. 24 tom. 9 vol. Av. cartes et tables. gr. in-8vo. 7 vol. d. rel., 2 br.   36.—

812. **Report, 1st—17th** (of the) Sea fisheries (England and Wales), 1886—1902. — (*Continué par:*) **Board of agriculture and fisheries.** Annual report of proceedings under acts relating to sea fisheries, 1903—11, 13 I. London, 1887—1912, 14. 27 tom. 9 vol. Av. cartes et tables. gr. in-8vo. 8 vol. d. rel., 1 br.   45.—
     Depuis 1903 les Appendices contiennent e. a. des renseignements sur la pêche de la France (incl. Alger), la Hollande, le Norvège, le Danemarc, le Canada, etc.

813. **Report** (concern.) the sea fisheries, 1866, 93; the relations between owners, masters and crews, 1883; Sea fisheries bill, 1900, 04; scientific research applied to fisheries, 1902; 13th, 15th—23th annual meeting of authorities under the Sea fisheries regulation act, 1888, 1903—13; salmon, freshwater and sea fisheries, 1913, 14; etc. London, 1858—1914. 31 vol. fol. dont 6 d. rel., le reste br.   25.—

814. **Resolutien** der Staten-Generaal van 1576—1609. Bewerkt d. N. Japikse. I—VII. 1576—92. 's-Grav. 1915—23. 7 vol. gr. in-8vo. toile, (54.50)   45.—
     Pour l'édition originale de ces Résolutions voyez M. B., p. 309. Rijks geschiedk. publicatiën. Groote serie, 25, 33, 41, 43, 47, 51, 55.

815. **Resolutien** v. d. Staten v. Hollandt ende Westvrieslandt, 1668. fol. vél.
     M. B., p. 309.   15.—

816. **Resolutien v. consideratie en Secrete resolutien** v. Hollandt ende W. Vriesland zedert den aenvangh d. bedieninghe v. Joh. de Witt en door denself. by een vergad., 1653—68. Utr., W. van de Water, 1707 — 17. 3 vol. 4to. dont 2 veau, 1 vél.   25.—
     T. II, pp. 158—161: Subsidie visscherye Enkhuysen, 1654. — T. III, p. 289: Alle deliberatien tot nadeel van de visscherye in Engeland met vigeur tegen te gaen, 1661. — P. 350: Vrankryk. De visscherye noodsakelyk onder de guarantie te begrypen. 1662.

817. **(Reygersberch, J.),** Dye Cronijcke van Zeelandt. Antw., Wed. v. Henrick Peetersen, 1551. Av. titre dans une bordure, carte et armoiries, toutes grav. s. bois. 4to. vél.   50.—
     Première édition de la chronique de Reygersberch, de toute rareté. Voyez Nijhoff, Bibliographie, no. 244. M. B., no. 3388.

818. **(Reygersberch, J.)**, Même ouvrage. Verm. d. M. Z. v. Boxhorn. Mid-
delb., Z. en M. Roman, 1644. 2 vol. Av. grav. s. bois. 4to. vél. 25.—
M. B., no. 3388.

819. **Ricard, S.**, Traité général du commerce. Ed. revue et augm. Amst. 1781.
2 vol. 4to. d. veau.   4.—
M. B., no. 3389.

820. — — Même ouvrage. Paris, 1800. 3 vol. 4to. d. veau.   7.50
M. B., no. 3389.

821. **Riemer, J. de,** Beschrijving van 's-Gravenhage, behelz. deszelfs oor-
sprong, uitbreidingen, stigtinge v. h. hof, de kerken, kloosters enz.
Alsm. de privilegien, handvesten, keuren enz. 's-Grav. 1730—39. 2
tom. 3 vol. Av. beaucoup de pl. se dépliant. fol. veau, dos dor.   75.—
M. B., no. 3149.

822. **Rosso, R. del,** Pesche e peschiere antiche e moderne nell'Etruria mari-
timma. Firenze, 1905. 2 vol. Av. 250 ill. 8vo. br.   6.50

823. **Saint Lo, Capt. George,** England's safety: or, a bridle to the French
King, proposing a sure method for encouraging navigation and raissing
qualified seamen for their Maj. fleet.... also an insight into the advan-
tages may be made by the herring and other fisheries, etc. London,1693.
Av. front. 4to. d. veau.   25.—

825. **Sallengre, A. H. de,** Essai d'une histoire des Provinces-Unies pour l'an-
née 1621 où la trêve finit et la guerre recommença avec l'Espagne.
La Haye, 1728. 4to. veau. *Bel ex.*   12.—
M. B., no. 3166. Traite e. a. des négociations avec l'Angleterre conc. la
pêche du hareng.

826. **Scheltema, P.,** Aemstel's oudheid, of gedenkwaardigheden van Amster-
dam. Amst. 1855—72. 6 vol. Av. 2 portr. et 7 pl., noires, en bistre et en
couleurs. 8vo. br.   10.—
M. B., no. 3565.

827. **Scherzer, K. v.,** Fachmännische Berichte über die österreich.-ungar.
Expedition nach Siam, China und Japan (1868—71). M. Anhang. Im
Auftrage des Handelsministeriums. Stuttg. 1872. 2 tom. 1 vol. Av. car-
tes. gr. in-8vo. br.   3.50
Fische-ausfuhr aus Siam. — Aus Cochin-China. — Fischerei in China.
— Fischzucht in China. — etc.

828. **Schippers, A. W.,** Bijdragen tot het privaatrecht der zeevisscherij.
Amst. 1900. 8vo. toile.   2.50

829. **Schrassert, J.,** Hardervicum antiquum ofte beschrijvinge van Harder-
wyck, begrijp. de oude gedaante der stadt en schependom mitsg. de
gedenckwaerd. saecken. 2e dr. Harderw. 1732. 2 tom. 1 vol. 4to. vél.
15.—
Cette 2e édition contient les „handvesten". M. B., no. 3151.
Marque de bibliothèque sur le titre.

830. **Sea fisheries of the United Kingdom.** Statistical tables from each of
the principal ports of England, Wales, etc. during 1881—1902. Lon-
don, 1887—1903. 17 tom. 3 vol. — **Monthly return** of sea fisheries of
the Board of agriculture and fisheries of England and Wales. Febr.
1907—March 1914. London, 1907—14. — 3 vol. fol. d. rel., le reste br.
15.—

831. **Seas magazine, The,** opened, or, the Holander dispossest of his usurp-
ed trade of fishing upon the English seas. Also his intended univers-
ality of ingrossment of trade, with solid directions for prevention of

both, to the increase of free trade, and the general inrichment of this commonwealth of England. And lastly, to the reducement of that stubborn people to obedience. Written by a person of honour. London, 1653. 4to. d. veau, n. r. (Rel. mod.). 120.—

Pamphlet extrêmement rare, écrit pendant la première guerre entre les Anglais et les Néerlandais.
Le seul ex. que j'ai tracé jusqu'à présent est décrit p. v. d. Wulp dans le „Catalogus van tractaten, enz. in de bibliotheek I. Meulman, (no. 3421). Ex. très bien conservé.

832. **Selden, J.,** Mare clausum s. dominio maris. Londini, Excud. W. Stanesbeius, pro R. Meighen, 1635. pet. in-fol. veau. 45.—

Première édition. M. B., no. 6262.
Les plats de la reliure légèr. endomm.

833. **(Serionne, A. de),** La richesse de la Hollande; cont. l'origine du commerce et de la puissance des Hollandois, etc. Londres, 1778. 2 vol. 4to. d. veau. 10.—

M. B., no. 3167a.

834. **Sjoerds, F.,** Algemeene beschryvinge van oud en nieuw Friesland, vertonende deszelfs gelegenheid, staatk. en natuurlijke verdeeling, etc. Leeuw. 1765. 4 vol. 8vo. d. veau. 5.—

M. B., no. 3168.

Smallegange, M., Cronyk van Zeeland. V o i r II, n o. 544.

835. **Smith, A.,** Inquiry into the nature and causes of the wealth of nations. 2d ed. London, 1778. 2 vol. gr. in-4to. veau. 35.—

M. B., 3112. Les dos un peu défraîchis.

836. — — Recherches sur la nature et les causes de la richesse des nations, trad. p. M. La Haye, 1778—79. 4 vol. pet. in-8vo. br. 5.—

837. — — Même ouvrage. Trad. de G. Garnier. Revue et av. notice biograph. p. Blanqui. Paris, 1843. 2 vol. gr. in-8vo. d. veau. 6.—

838. **Smith, S.,** The herring-busse trade: expressed in sundry particulars, both for the building of busses, making of deepe sea-nets, a. o. appurtenances, also the right curing of the herring for forreine vent. With sundry orders of the Netherlands, for the better governement of the Royall fishing. London, 1641. 4to. d. veau. (Rel. mod.) 80.—

Traité très rare, bien conservé, sur la pêche et le commerce des harengs „.... and in this treatise onely apply my labours to the publication of such particulars, directions and orders, as have not heretofore bin published ...."
Les pp. 17—44 (fin) contiennent: „The states proclamations and ordinances, transl. out of Dutch, concern. the taking, salting, harboring, choosing, packing, raising and laging of herrings. — Placaert of orders about fishermen, and mariners, about hiring them, etc. — Proclamation and order serving for the securing of the herring voyage of Holland, and Westfriezland."

839. **Soeteboom, H.,** Oudheden v. Zaan-land, Stavoren, Vronen- en Waterland.... Oorsprong, volksplantingen.... rivieren, bedijkinge enz. enz. Amst. 1702. 2 vol. Av. pl. pet. in-8vo. vél. 10.—

M. B., no. 3611.

841. **Somigli, C.,** La pesca marittima industriale. Torino, 1912. Av. 8 pl. 8vo. br. 2.—

842. **Sprenger v. Eyk, P. G. Q.,** Geschiedenis en merkwaardigheden der stad Vlaardingen. Rott. 1831, 32. Av. carte, 2 portr. et pl. 8vo. br. 5.—
M. B., no. 3408.

82   V. FISHERIES (ECONOMICAL, COMMERCIAL AND LEGAL)

843. **Staat, Tegenwoordige,** der Vereenigde Nederlanden. Amst., I. Tirion, etc., 1739—1803. 23 vol. Av. de nombr. cartes et belles pl. 8vo. dont I— VIII vél., le reste d. veau (Overijssel br.)   125.—
M. B., no. 3170. Ex. bien complet.

844. **Stahmer, M.,** Fischhandel und Fischindustrie. Stuttg. 1913. Av. 33 ill. gr. in-8vo. br.   7.50

845. **Statistiek** der Nederlandsche zee- en kustvisscherij voor de jaren 1906— 10, bew. d. H C. Redeke. 's-Grav. 1909—11. 3 vol. 4to. br. *T. à p.* 7.50

846. **Statistique** des pêches maritimes (publ. par) le Ministère de la Marine et des colonies. Paris, 1876, 82, 85, 87—89, 91—1907, 1909—10. 25 tom. Av. 1 pl. en couleurs et tabl. dont 23 tom. en 13 vol. 8vo. cart., le reste br.   20.—
Donne les statistiques de la pêche de soles, turbots, homards, langoustes, huitres, etc. en France et en Alger.

847. **(Stubbe, H.),** A justification of the present war against the United Netherlands wherein the declaration of H. Maj. is vindicated and the war proved to be just, honorable, and necessary. London, 1672. Av. pl. 4to. br.   10.—
M. B., no. 6264.

848. — — A further justification of the present war against the United Netherlands. London, 1673. Av. pl. 4to. d. veau.   12.—
M. B., no. 6264.

849. **Treub, M.,** „Landbouw", 1905—09. Overzicht der verrichtingen met het oog op de land- tuin- en boschbouw, veeteelt, v i s s c h e r ij en aanverwante aangelegenheden. Amst. 1910. gr. in-8vo. br.   1.—

850. **Treubia.** Recueil de travaux zoolog., hydrobiolog. et océanograph. Réd. par W. M. Docters v. Leeuwen, e. a. Bat. 1911—20. T. I., livr. 1—3. Av. 29 pl. et plus. figg. gr. in-8vo. br.   3.75

851. **Tijdschrift** voor staathuishoudkunde en statistiek, uitgeg. d. B. W. A. E. Sloet tot Oldhuis. Zwolle, 1841—75. 28 vol. dont 25 br., le reste en livr.   40.—
Périodique néerland. pour l'économie et la statistique, le commerce des Indes, l'agriculture etc. Collection complète.
Les titres des t. I et II n'existent pas.

852. **Vaernewiick, M. v.,** De historie van Belgis diemen anders noemen mach: den spieghel der Nederlantscher oudtheyt. Antw., H. Verdussen, 1619. Av. portr. et grav. s. bois. fol. vél.   10.—
M. B., no. 3403.

853. **Velius, D.,** Chroniick van Hoorn, daer in desselven stadts eerste begin, opcomen, en gedenckweerd. geschiedenissen tot.... 1630. M. corte beschrijv. van de stadt. 3e dr. Hoorn, I. Willemsz., 1648. Av. 5 portr., plan et 1 pl. 4to. vél. *Bel ex.*   50.—
M. B., no. 3361.

854. — — Même ouvrage. 4e dr. M. aanteek. van S. Centen. Hoorn, J. Duyn, 1740. Av. portr., plans et pl. 4to. vél. *Bel ex.*   40.—

855. — — **Abbing, C. A.,** Geschiedenis van Hoorn en verhaal van de stichting, voltooijing en verfraaijing van de groote kerk. Hoorn, 1839. Av. 3 pl. 8vo. br.   1.50
M. B., no. 3362.

856. — — — — Même ouvrage, (1630—1773). Hoorn, 1841, 42. 2 vol. Av. 1 portr. et 2 pl. 8vo. br.   7.50

Mart. Nijhoff, à La Haye. — Cat. No. 511

857. **Verhandelingen** uit het Rijksinstituut voor het onderzoek der zee.
Dl. I. Helder, 1906. 5 nos. Av. cartes et tables. gr. in-4to. En 2
livr. 2.—
Contient e. a.: **H. C. Redeke**, Ueber einige Versuche mit Netzen. — **J. Boeke**, Eier und Jugensformen von Fischen der südlichen Nordsee. — etc.

858. **Verloop, G. N..** Het zeevisscherij-bedrijf; haar toestand in 1870—1902,
haar achteruitgang en middelen tot herstel. — **Id.**, Zeevisscherij naast
de inlandsche landbouw. — **Id.**, Voorstel tot reorganisatie v. h. zee-
visscherijbedrijf. — **Id.**, Beschouwingen over het rapport betreff.
de zeevischerij. Bat. 1904. 8vo. br. *Extr.* 2.50

859. **Vermaut, R.**, et **Ch. de Zuttere**, Etude sociale de la pêche maritime.
Brux. 1914. Av. pl. et ill. gr. in-8vo. br. 2.50
Enquête sur la pêche maritime, II.

860. **Verslag** der Commissie tot onderzoek naar eene haven voor visscher-
schepen te Scheveningen. 's-Grav. 1887. Av 3 cartes. 4to. toile. 1.—

861. **Verslag** v. d. algemeene vergadering v. d. Vereeniging tot bevor-
dering v. d. Ned. visscherij te Amsterdam, 1887, 95, 97, 1902, 03.
Leiden, 1895—1903. 5 vol. 8vo. br. Chaque vol. 1.50

862. **Verslag** der gezondheidscommissie omtr. den vischaanvoer, vischhan-
del, enz. in 's-Gravenhage. 's-Grav. 1915. 8vo. br. 2.—

863. **Verslag** v. d. vergadering, geh. te Amst. Nov. 1905 ter bespreking
v. h. visschen met kuilnetten in de Zuiderzee. Amst. 1905. 8vo. br.
1.—

864. **Verslag** van de verrichtingen van het College voor de visscherijen in
het jaar 1912—18. 's-Grav. 1913—19. 7 vol. gr. in-8vo. cart. 15.—
Rapports annuels du Collège des pêcheries dans les Pays-Bas. Collection
complète.

865. **Verslag** omtrent den toestand der visscherijen in de Schelde en Zeeuw-
sche stroomen, 1877—1912. Tholen, (1877—1912). 36 tom. en 7 vol. Av.
1 carte, 1 pl. et tables. 8vo. dont 5 vol. toile, 2 br. 35.—
Rarement complet.
Ajouté: **Verslag** betr. de oestercultuur in Frankrijk op de tentoonstelling
te Parijs, 1878. — **Verslag** omtr. de Internat. visscherij-tentoonstelling te
Berlijn, 1880.

866. **Verslag** onderzoek omtrent de visscherijinspectie. 's-Grav. 1920—22.
3 vol. 8vo. br. 1.—

867. **Verslag** .... voorkoming van ondergang v. h. visschersbedrijf te
Scheveningen. 's Grav. 1895. Av. 3 pl. 4to. cart. 1.—

868. **Verslag** van de Staatscommissie voor het zalmvraagstuk. 's-Grav.
1916. 2 vol. Av. 6 cartes et 19 pl., conten. 29 ill. fol. cart. 5.—

869. **Verslag** van de Zeehavencommissie, tot behoud van Scheveningen als
visschersplaats. — **Ontwerp** haven voor bomschuiten te Scheveningen.
Av. 4 pl. 's-Grav. 1898. fol. br. 1.—

870. **Verslag** over de zeevisscherijen uitgebr. d. de commissie, ben. 9 Febr.
1854. 's-Grav. 1854. 8vo. cart. 3.—

871. **Verslag** van den staat der Nederlandsche zeevisscherijen over 1857—
1910. 's-Grav. 1858—1911. Ens. 63 tom. 35 vol. 4to et gr. in-8vo. cart.
150.—
Rapports annuels de la pêcherie maritime néerland.
Série complète dès le commencement. *Continué par*: Mededeelingen
en verslagen van de visscherij-inspectie. (Voir le no. 747).

Mart. Nijhoff, à La Haye. — Cat. No. 511

872. **Verzameling** v. wetten v. d. Koning v. Holland, mitsg. publicatiën, decreten, enz. 1806—09. Amst. 1809—10. 8 vol. 8vo. d. veau.   20.—
M. B., p. 410.

873. **Verzameling** van vaderl. wetten en besluiten, 1798—1810, sedert de invoering der nieuwe wetgeving van toepassing. Uitgeg. d. J. v. d. Poll. Amst. 1840. 8vo. d. veau.   5.—
M. B., p. 410.

874. **Verzameling** v. wetten, besluiten e. a. regtsbronnen v. Franschen oorsprong, in zooverre deze nog van toepassing zijn, 1669—1813. Uitgeg. d. C. J. Fortuyn. Amst. 1839—41. 3 vol. 8vo. d. veau.   15.—
M. B., p. 410.

875. **Visscherij** en vischverkoop in de keuren enz. van den Haag. Medeged. d. H. E. van Gelder. 's-Grav. 1908. 8vo. br. *Extr.*   1.75

876. **Vries, S. de,** D'edelste verlustigingh der leer- en lees-geerige gemoederen. Of histor. schouwtooneel, vertoon. een meenigte uytgeleesene geschied. enz. Amst., J. Bouman, 1680—82. 3 vol. Av. 3 front. pet. in-8vo. vél.   10.—
Contient e. a.: Haringh-vanghst eene der voornaemste weldaden aen Holland. — etc.

877. **Vries, J. van Ouwerkerk de,** Oorzaken van het verval des Nederl. handels en de middelen tot herstel. Haarlem, 1827. 8vo. d. veau.   1.25
M. B., no. 3186.

878. (**Wagenaar, J.**), Tegenwoordige staat der Vereen. Nederlanden vervatt. eene algem. beschrijving des lands, der zeden en godsdienst van de inwoonders, ... 's lands historie. ... der maatschappijen van Oosten en Westen, en der handwerken, v i s s c h e r ij e n, zeevaart, en koophandel, enz. Amst. 1739. Av. front., carte, 5 portr. et 2 pl. 8vo. vél.   5.—
Pp. 565—638: De haringvisscherij, walvischvangst en koophandel in 't algemeen.

879. **Waterschoot v. d. Gracht,** Staatsbemoeiing ten beh. der zoetwatervisscherij. Amst. 1899. gr. in-8vo. br.   2.—

880. **Wet** tot regeling der jagt en visscherij, 13 Juny 1857 (Stbl. no. 87). M. aant. d. L. G. Greve. Schiedam, 1864. 8vo. br.   1.25

881. — — Idem. 13 Juni 1857 (Stbl. no. 87). M. aanteek. d. S. Gratama Hzn. 3e herz. en verm. dr. Schoonh. 1905. gr. in-8vo. d. veau.   11.—

882. **Wet** 1908 tot regeling der visscherij. M. aant. d. A. G. Koenders. M. voorber. v. G. T. J. de Jongh. Amst. 1910. Av. ill. 8vo. br.   3.90

883 — — Idem. M. aant. d. R. H. Loef Schuphoven. Zutphen, 1911. 8vo. br.   4.50

884. **Wetgeving** betr. de zee- en de zalmvisscherijen, verz. d. H. v. d. Hoeven. Leiden, 1897. gr. in-8vo. d. rel. (5.40)   3.—

885. **Wilde, A. Neijtzell de,** Een en ander omtrent den welvaarts-toestand der inlandsche bevolking in de gouvernementslanden van Java en Madoera. Weltevr. 1911—13. 2 vol. 8vo. br.   4.—
I. Landbouw, veeteelt, boschwezen, v i s s c h e r ij. — II. Nijverheid, handel, enz.

886. **Woordenboek, Nederl. Placaat- en rechtskundig,** behelz. al het geen door de Staten Generaal d. Vereen. Nederlanden en de Staaten v. Holland, Zeeland en West-Vrieslant, zedert de vroegste tijden, bij placaaten enz. vastgesteld is. Amst., J. Allart, 1791—97. 5 vol. 4to. br.   20.—
T. III, pp. 250—264: Haring. — Pp. 264—266: Haringbuizen, haringtonnen. — T. V, p. 678: Visch, vischfuiken, vischhoekers. — P. 679: Visschen. — etc.

887. **(Woude, C. van der)**, Kronyk v. Alkmaer, desselfs omgeleegene dorpen, heerlijkheeden, enz. Benevens de voornaamste previlegien, handvesten, enz. Amst., E. en J. Visscher, e. a., 1725. pet. in-8vo. vél. 7.50
Pp. 464—469: Privilegie van Philips II, 1571, behels. de verpachtinge der visscherye tot Rustenburgh.

888. **Yearbook, Official**, of the commonwealth of Australia cont. authoritative statistics for 1901—15. Prep. bij G. H. Knibbs. Melbourne, 1917. Av. carte. gr. in-8vo. toile.   2.50
Pp. 391—399: Fisheries and pisciculture.

889. — — Idem. Melbourne, 1921. Av. cartes en couleurs et en noir, tables et figg. gr. in-8vo. cart.   7.50
Pp. 421—431: Fisheries and pisciculture.

890. **Zeevisscherijen** langs de kusten der eilanden van Ned.-Indië. Bat. 1882. 4 pièces. Av. pl. 8vo. br. *Extr.*   4.—

891. **Zeitschrift** des Königl. Preuss. Statistischen Bureaus. Red. von E. Engel. Berlin, 1861—91. Année I—XXXI. 4to. d. rel., cart. et br. 80.—

892. **Zoetwatervisscherij, Onze**. Orgaan van de hoofdafdeeling „Zoetwatervisscherij" der Nederl. Heidemaatschappij. Utr. 1906—12. Année II—VIII. 7 vol. fol. cart.   14.—

VI. ANGLING AND OTHER METHODS OF FISHING. COOKERY. ANECDOTES AND CURIOSITIES CONC. FISH AND FISHING

893. **Aalderink, H.**, De zoetwatervisschen in Nederland en de kunst om ze te vangen. 2e herz. dr. Rott. 1911. Av. pl. 8vo. d. rel.   3.90

893a. **Aaltje** de volmaakte en zuinige keukenmeid. 8e verm. dr. Amst. (1839). 8vo. cart.   4.50
Pp. 89—111: Visch. — P. 252: Ansjovis-saus.

894. **Acton, E.**, Modern cookery in a series of carefully tested receipts. London, 1860. Av. 8 pl. et figg. 8vo. toile. (4.50)   1.50
Chap. II: Fish. — Chap. III: Dishes of shell-fish. — Pp. 113—115: Common lobster sauce, crab sauce, good oyster sauce, etc.

895. **Adriani, N.**, en **A. C. Kruyt**, De Bare'e-sprekende Toradja's van Midden-Celebes. 's-Grav. 1912—14. 3 vol. et atlas. Av. carte. gr. in-8vo. cart.   14.50
T. II, pp. 371—378: Visscherij.

896. **Aflalo, F. G.**, The sportsman's book for India. London, 1904. Av. 5 cartes et 35 pl. 8vo. toile. (15.—)   7.50
Contient des contributions sur la chasse, l a p ê c h e, le sport hippique, etc. p. M. G. Gerard, W. Burke, F. O. Gadsden, e. a.

897. **A(udot), L. E.**, La cuisinière de la campagne et de la ville. 26e éd. Paris, 1843. Av. 1 pl. color. et 110 figg. 8vo. cart.   3.—
Pp. 239—256: Poissons de mer. — Pp. 263—275: Poissons d'eau douce. — etc.

898. **Battus, C.**, Het secreet-boek vol heerlijcke konsten, in veelerley materien. Leeuw., H. Rintjes, 1664. 12mo. vél.   10.—
P. 96: Van de visschen.

899. **Bellingen, Fleury de,** L'etymologie ou explication des proverbes fran-
çois en 3 livres en forme de dialogue. Av. table de tous les proverbes
contenus en ce traicté. La Haye, A. Vlacq, 1656. pet. in-8vo. vél. 50.—
> Ouvrage très rare. Brunet dit déjà: „Edition recherchée. L'édition de 1653
> sous le titre: Premiers essais de proverbes, est beaucoup moins complète."
> *Contient e. a.*: Toujours pesche qui en prent un. — Iamais poisson à deux
> mains ne fut au gout des humains.

900. **Betje** de goedkoope keukenmeid. 5e dr. Gouda, (v. 1875). 8vo. br.   1.50
> Pp. 53—60: Visch.

901. **Beverwijck, J. v.,** Schat der ghesontheyt. 3e dr. M. veersen d. Jacob
Cats. Dordr., M. Havius, 1640. Av. grav. pet. in-8vo. d. veau.   12.—
> La 3e partie traite: Van spyse ende dranck (van broot, pap, van de moes-
> kruyden, van wilt-braedt, van de boom-vruchten, v a n   v i s c h, van wijn,
> bier, tabak).

902. — — Même ouvrage. 6e dr. Amst., Wed. E. Cloppenburgh, 1643. Av.
pl. et figg. pet. in-8vo. vél.   12.—

903. — — Même ouvrage. 7e verm. dr. Amst., J. Jz. Schipper, 1649. Av. pl.
et figg. pet. in-8vo. cart.   10.—

904. **Bochart, Sam.,** Hierozoici seu de animalibus S. Scripturae compendium.
Ed. S. M. Vecsei Ungarus. Franeq., J. Gyselaar, 1690. 4to. br.   10.—
> Pp. 5—6: De aquatilibus in genere, et in specie de piscibus. — Pp. 6—8:
> De cetis (baleines) et cetaceis. — Pp. 348—351: De ceto Jonae. — Pp. 353—
> 356: De pisce Tobiae. — etc.

905. **B(orsselen), Ph. v.,** Strande, ofte ghedicht van de schelpen, kinck hor-
nen, ende andere wonderliche zee schepselen, tot lof van den Schepper
aller dingen. Haarlem, A. Rooman, 1611. pet. in-8vo. veau. *Bel ex.* 50.—
> Ce poème, consistant de 2000 chants, est attribuée à Ph. van Borsele,
> bourgmestre de Tholen en Zélande. Il y donne une description des coquilles
> et de la faune marine de la collection de Corn. van Blyenburg, e. a. le mol-
> lusque purpurifère, le dauphin, etc.
> E x c e s s i v e m e n t   r a r e.
> Voir le Jeune, Bouwstoffen, v. d. Nederl.letterkunde, 2e partie, pp.78—84.
Bosgoed, D. Mulder. V o i r I, n o. 44.

906. **Bridoul, T.,** Den doorluchtigen winckel van de Heilighe ende deugh-
delijcke cooplieden ende ambachtslieden. (Uyt) 't Franç. d. Fr. de
Smidt. t'Antw. 1651. Av. 2 pl. 12mo. cart.   6.—
> Backers. — Chirurgijns ende barbiers.— Bootsghesellen ende stiermans.—
> Bouwmeesters. — Cocks. — Cooplieden. — Hoveniers. — Jaghers, voghel-
> vanghers. — Parfumeerders. — Perlenvisschers. — Schoolmeesters. —
> Schrijvers. — V i s s c h e r s e n v i s c h v e r k o o p e r s . — Wevers. —
> Wisselaers. — enz.

908. **Brook trout, The.** By various experts with rod and reel ed. by L. Rhead
w. introd. by Ch. Hallock. N. York. 1902. Av. pl. en couleurs et en noir
et ill. 8vo. cart. (11.20))   6.—

909. **Brown, J. Macmillan,** The riddle of the Pacific. London, 1924. Av. 66 pl.
et 8 ill. gr. in-8vo. toile.   18.—
> The island of magnificient sculpture. Easter island. — The f i s h- and-
> bird cult and taboo. — Religion. — Marionettes. — The American coast.—
> etc.

910. **Burger-boer, De,** of land edelman, zynde een beknopt zakwoordenboek
van het buitenleeven tot aangenaam gebruik van den landadel, dorpe-
ling, boer om dezelve te doen zyn, gezonde, vergenoegde, voorspoedige
landbewoonders. U. h. Fr. nagevolgt. Amst., S. v. Esveldt, 1761—62.
3 vol. pet. in-8vo. veau.   15.—
> Baars. — Haring. — Karper. — Snoek. — Voorn. — etc.

911. **Catalogo** de los objetos present. en la exposición regional de Filipinas,
inaug. en Manila 23 Enero 1895. Manila, 1896. 8vo. br.   6.50
    Collecc. de animales y plantas, utensilios y arte factos usados en la pesca. —
Reglementacion de la pesca. — Industria pesqueras. — etc.

912. **Catalogus** van boeken in Noord-Nederland verschenen v. d. vroegsten
tijd tot op heden. Uitg. v. d. Vereen. ter bevord. van de belangen des
boekhandels. VI. Geschiedenis en aardrijkskunde. 's-Grav. 1911. gr. in-
8vo. br.   3.—
    Col. 274—275: Jacht en hengelsport.

913. **Cats, J.,** Ouderdom, buytenleven en hof-gedachten, op Sorgh-Vliet.
Amst., J. J. Schipper, 1656. Av. titre gravé et de nombr. belles grav.
d'après v. d. Venne. 4to. vél.   60.—
    Première édition in-4to, conten. aussi: Afbeeldinge van 't huwelyck. Av.
1 pl.; Doot-kiste voor de levendige, of sinne-beelden uyt Godes woordt.
    Cette édition seulement contient la pl., montrant les fermoirs d'argent qui
ornaient la reliure de quelques exx. de la première édition in-fol. (1655), faits
cadeau p. Cats à quelques gouvernements de villes de la Zélande.
    Contient e. a.: Op een Schevenings vroutjen met een benne met visch op
't hooft. — Op d'af-slagh van de visch tot Scheveningen.

914. **Chetham,** The anglers vademecum, or, a compendious, yet full, discour-
se of angling, discov. the aptest methods and choicest experiments for
the catching all manner of fresh water fish, etc. 3d ed. very much en-
larged. London, 1700. Av. 2 pl. pet. in-8vo. veau fauve, dos orné, tr. dor.
Bel ex.   25.—

915. **Cholmondeley-Pennell, H.,** The sporting fish of Great Britain with notes
on ichthyology. London, 1886. Av. 18 pl. en couleurs. 8vo. toile. (9.—)
     4.50

916. **Chomel, N.,** Huishoudelijk woordboek, vervatt. vele middelen om zijn
goed te vermeerderen en zijne gezondheid te behouden.... velerleije
soorten van netten om allerleye soorten van vis etc. te vangen. Leyden,
Amst. 1743. 2 vol. Av. beau titre gravé p. Punt et 80 pl. p. F. de Bak-
ker. 4to. veau. *Bel ex.*   15.—
    M. B., no. 2988.
    Haring. — Karper. — Levenswijs in de vasten (vischspijzen, etc.).

917. **Clercq, F. S. A. de, en J. D. E. Schmeltz,** Ethnograph. beschrijving van
de W. en N.kust van Nederlandsch Nieuw-Guinea. Met schets der ethno-
graphie van Duitsch- en Britsch-Guinea. Leiden, 1893. Av. carte, 42 pl.
en chromolithogr. et 51 ill. gr. in-4to. toile. (30.—)   22.—
    P. 217: Jacht en visscherij.

918. **Comenius, J. A.,** Portael der saecken en spraecken. Vestibulum rerum et
linguarum. Der Vortühre der Sachen und Sprachen. Amst., J. Rave-
stein, 1673. Av. titre gravé et de nombr. pl., grav. en taille-douce, con-
ten. presque 300 différ. sujets. 8vo. vél.   25.—
    Livre d'instruction, principalement une grammaire, en néerl., latin et
allemand, du célèbre Comenius, philologue et instructeur d'origine bohé-
hiem. Les pl., illustr. le texte, représentent des métiers, des plantes, des
oiseaux, d e s p o i s s o n s, des quadrupèdes, u n h o m m e q u i
p ê c h e à l a l i g n e, la chasse, des ruches, des habits, des chariots, des
bateaux, un canon, etc.

919. **(Court, P. de la),** Sinrycke fabulen, verklaert en toegepast tot alderley
zeede-lessen. Amst., H. Sweerts, 1685. Av. front. et 100 grav. en taille-
douce par I. G. 4to. vél.   7.50
    P. 363: De vissers en het beroerd water. — P. 639: De snoek ende andere
vissen.

920. **Danckwerth, C.**, Newe Landesbeschreibung der zweij Hertzogthümer Schleswich und Holstein, zusambt vielen dabeij gehörigen newen Landcarten. Husum, 1652. Av. beau titre gravé et 40 très belles cartes p. J. Meyer. gr. in-fol. vél. (Rel. légér. endomm.) *Ex grand de marges.* 175.—

> Ex. bien complet av. toutes les 40 cartes parmi lesquelles la carte de l'Ancien monde après la p. 28 qui manque souvent. Une des cartes représente: Eigentlicher Abriss der Schleistroms mit denen darin belegenen Heringzeumen. Planche fort intéressante pour la connaissance de la pêche au hareng (av. 1 p. de texte).
> Ouvrage très recherché et fort estimé.

920a. **Dullaert, H.**, Gedichten. Amst., G. onder de Linden, 1719. Av. front. p. J. Goeree et portrait de Dullaert p. Houbraken. 8vo. vél.   18.—

> *Contient e. a.:* Op gewiekte visschen in Amerika. — etc.

921. **L'Ecole parfaite** des officiers de bouche, qui enseigne les devoirs du maitre-d'hôtel; la maniere de faire les confitures, les liqueurs, la cuisine, à découper etc. 8e éd. Paris, 1716. Av. 1 pl. et figg. pet. in-8vo. veau.
> 5.—

> Barbue marinée. — Bisque de poisson. — Carpe farcie, roties, etc. — Ecrevisse en ragout. — Harengs frais. — Huitres grillés. — Langouste. — etc.
> Piqûres; p. 507 en partie enlevée.

922. **Evans, I. H. N.**, Among primitive peoples in Borneo. Description of the lives, habits and customs of the piratical headhunters of North Borneo, w. account of interesting objects of prehistoric antiquity discovered in the island. London, 1922. Av. carte et ill. 8vo. toile.   12.50

> Chap. XI: Agriculture, fishing, hunting, etc.

923. **Fleuri, De zeeden der Israelieten.** Vert. d. D. Ghys. Amst., R. Blokland, 1702. Av. front., carte et pl. pet. in-8vo. vél.   2.50

> P. 86: Visch-eeten eerst gemeen bij de latere Joden. — P. 87: Visschen zonder schubben en zwijnenvleesch ongezond.

924. **Gouw, J. ter, De volksvermaken.** Haarlem, 1871. Av. 81 reprod. d'après d'anciennes grav. gr. in-8vo. d. veau. *Epuisé.*   10.—

> Pp. 632—645: Jagen, vogelen en visschen.

925. **Grey, Z.**, Tales of fishes. London, 1919. Av. pl. 8vo. toile. (9.—)   4.50

926. **Grohmann, J. G.**, Moeurs et coutumes des Chinois. (Texte français et allemand). Lpz. (v. 1830). Av. 55 (au lieu de 60) belles planches coloriées de costumes et de metiers d'après Pu-Quà. 4to. cart.   24.—

> Pl. XV: Pêcheur. — Pl. XIX: Marchand de poisson.
> Les pl. 21—25 av. le texte manquent.

927. **Handboek, Geheel nieuw, en volkomen,** voor minërvaren koks, keukenmeiden en jong-gehuwde vrouwen. 3e verb. dr. Amst. 1826. 8vo. d. rel.
> 6.—

> Aal. — Ansjovis. — Baars. — Bokking. — Bot. — Forellen. — Garnalen. — Haring. — Heilbot. — Kaabeljauw. — Katvisch. — Kreeften. — Oesters. — Schelvisch. — Schol. — Stokvisch. — etc.

928. **Heber, R.**, Narrative of a journey through the upper provinces of India, from Calcutta to Bombay, 1824—25, w. notes upon Ceylon, etc. London, 1828. 3 vol. Av. pl. gr. in-8vo. toile, n. r. (23.—)   6.—

> P. 134: Fishing. — Basket for catching fish.

929. **Hedges, F. A. M.**, Battles with giant fish. London, 1923. Av. pl. 8vo. toile.   12.60

930. **Heyns, Z.**, Emblemata. Emblemes Chrestienes et morales. Sinne-beelden tot leere der zedicheyt. — **Id.**, Sinne-spel van de dry-hoofd-deuchden. — Deuchden-schole ofte spieghel der jonghe-dochteren. Rott., P. Mart. Nijhoff, à La Haye. — Cat. No. 511

v. Waesberghe, 1625. 1 vol. Av. titre gravé p. J. Swelinck, portr. p. H.
Goltzius et de nombr. grav. emblémat. p. J. Swelinck et de la musique.
4to. vél. *Ex. grand de marges.*   28.—
Parmi les gravures emblémat. on en trouve-t-une avec un dauphin, une
autre avec un pêcheur, une troisième avec un poisson.

931. **Hill, Janet Mckenzie,** Practical cooking and service. Complete manual
of how to select, prepare, and serve food. N. York, 1902. Av. pl. colo-
riées et de nombr. ill. 8vo. toile.   6.—
T. II, chap. III: Fish and its cookery. — Chap. VIII: Complex meat and
fish dishes. — etc.

932. **Hofdijk, W. J.,** Ons voorgeslacht in zijn dagelijksch leven. Haarlem,
1859—64. 6 vol. Av. front. et de nombr. pl. en couleurs et noires. gr. in-
8vo. toile. (59.10)   27.50
Edition originale. M. B., no. 3356.

933. — — Même ouvrage. 2e dr. Leiden, 1873—75. 6 vol. Av. front. et pl. en
couleurs et en noir. 8vo. toile. (23.40)   12.50

934. **Holman, J.,** Reizen door Rusland, Siberie, Polen, Oostenrijk, enz.
Waarin zijne vervoering ale staatsgevangene uit Siberie. U. h. Eng.
Amst. 1829. 2 vol. Av. pl. 8vo. cart.   5.—
T. I, pp. 181—183: Parelvisscherij. — P. 214: Vischmarkt bij een Rus-
sisch traiteur. — T. II, p. 80: Vischpartij.

935. **Huyshoudster, De ervarene en verstandige Hollandsche,** onderwyz. alle
jonge vrouwen, hoe zij zich in 't bestuuren van het huyshouden moeten
gedragen, etc. Amst. (v. 1840). Av. grav. sur le titre. pet. in-8vo. br. 7.50
Van de visch die bij markt komt. — Van de nieuwe haring. — etc.

936. **Jagor, F.,** Singapore—Malacca—Java. Reiseskizzen. Berlin, 1866. Av.
24 pl. gr. in-8vo. cart.   3.—
Pp. 54—55: Fischen mit (der Pflanze) Toba.

937. **Jamnitzer, Chr.,** Neuw Grotteszken Buch. Inventirt, gradirt und Ver-
legt Durch Christoph Jamnitzern Burg. und Goltsch. in Nurnb. (Nürnb.
1610). 2 (sur 3) beaux titres gravés, 2 ff. de texte et 60 gravures. 4to-obl.
cart., recouv. d'un ms. ancien sur vélin.   450.—
Très rare. Ces excellentes gravures très caractéristiques représentent des
jeux d'enfants, tournois, animaux, ornements, etc., tous représentés d'une
manière grotesque et ressemblant à des insectes, h o m a r d s, etc.
D'a p r è s A n d r e s e n n o t r e ex. c o n t i e n t u n e p l a n c h e
d e p l u s q u e c e l u i q u'i l d é c r i t c o m m e u n ex. c o m-
p l e t. L e n ô t r e c o n t i e n t l e s n o s. 2—62 e t u n e p l a n c h e
n o n-d é c r i t e.
Ex. bien conservé. Une partie des pl. un peu défraîchie seulement; une
partie de la marge supér. du 1er titre coupée.

938. **Keukenmeid, De volmaakte Hollandsche,** onderwyz. hoe men allerhande
spyzen kan toebereiden, als meede eenige huismiddelen, beschreeven
door eene voorname Mevrouwe. 9e verb. dr. M. Aanhangzel. — Vol-
maakte grond-beginzelen der keukenkunde. — Amst., S. v. Esveldt, (v.
1800). 3 tom. 1 vol. Av. front. et 3 pl. 8vo. br.   7.50
Chap. III: Braaden aan 't spit van vleesch, vis, etc. (baars, bokking, bot,
elft, griet, karper, etc.). — Chap. V: Fruiten van alderhande gerechten (aal,
kavejaar, kreeften, kuit, oesters, etc.). — Chap. VI: Inleggen van vis, etc.
— etc.

939. **Kohl, J. E.,** Land und Leute der britischen Inseln. Dresden, 1844. 3 vol.
8vo. br. (15.60)   4.50
M. B., no. 4134.

940. **Kohl, J. E.,** Land en volk der Britsche eilanden. Bijdr. tot de kennis v. h. eigenaardige van Engeland en de Engelschen. U. h. Hgd. Dev. 1848. 2 vol. 8vo. br.   3.—
   M. B., no. 4134. T. II, p. 200—219: Over het hengelen.

941. **Kreemer, J.,** Atjèh. Algemeen samenvattend overzicht van land en volk van Atjèh en onderhoorigheden. Leiden, 1922—24. 2 vol. Av. cartes, pl. et ill. gr. in-8vo. toile.   48.—
   T. I, pp. 202—203: Visschen. — Pp. 203—205: Schaaldieren. — P. 210: Weekdieren. — T. II, pp. 90—114: V i s s c h e r ij.

943. **Lennep, J. van,** en **J. ter Gouw,** De uithangteekens, in verband met geschiedenis en volksleven beschouwd. Amst. 1868. 2 vol. Av. ill. gr. in-8vo. cart.   6.—
   T. II, chap. III: Handel, scheepvaart, landbouw en visscherij, etc.

944. — — Même ouvrage. Leiden (v. 1870). 3 vol. Av. ill. pet. in-8vo. br. 1.50

945. — — Même ouvrage. Leiden, 1888. 3 vol. — **Id.,** Het boek der opschriften. Leiden, 1888. — Ens. 4 vol. Av. ill. pet. in-8vo. toile. *Epuisé.* 6.—
   Boek der opschriften, p. 286: Visschen.

946. **Luiken, J.,** Werken. Leiden, 1888—91. 8 vol. Av. ill. 8vo. br.   15.—
   Spiegel van het menschelijk bedrijf, pp. 191—192: Visscher.— Bykorf des gemoeds, t. I, pp. 110—113: Zalm (av. ill.).— T. II, pp. 162—165: Bot (av. ill.). — Beschouwing der wereld, t. II, pp. 114—117: Visschen.

947. — — en **C.,** Menschelyke beezigheeden. Bestaande in regeering, konsten en ambachten.... in 100 figuuren.... Met veerzen. Harlem, A. Schevenhuysen, 1695. Titre gravé et 100 belles planches et taille-douce. 4to. vél.   100.—
   Les jolies gravures sont de la plus haute importance pour la connaissance des divers métiers dans le 17e siècle. Elles représentent e. a. le boulanger, le charpentier, le menuisier, le retordeur, le tisserand, le potier d'étain, le pharmacien, le meunier, le chirurgien, le papetier, l'imprimeur, le relieur, le verrier, le diamantaire, le paysan, le p ê c h e u r, le chasseur, etc. etc. tous dans l'exercice de leur métier. Chaque gravure a une légende en vers; chaque f. est entièrement gravé et imprimé d'un coté.

948. — — Même ouvrage. Amst., P. Arentz en P. v. d. Sys, 1704. Av. front. et 100 jolies grav. représent. 100 différ. métiers. — **Id.,** De zedelyke en stichtelyke gezangen. Ibid., id., 1709. Av. front. et grav. dans le texte. — En 1 vol. pet. in-8vo. veau.   50.—

949. — — Même ouvrage. Amst., F. Houttuyn, 1767. pet. in-8vo. br., n. r.
                                                              30.—

950. **Madden, J.,** The wilderness and its tenants. Series of geograph. a. o. essays illustr. of life in a wild country, w. experiences and observat. culled from the great book of nature in many lands. London, 1897. 3 vol. 8vo. toile. (25.20)   7.50
   Traite de toutes les parties du monde. T. III, pp. 429—508: Fishing.

951. **Métiers.** — **Collection** d'images d'enfants néerlandais du 19e siècle, noires et colorieées par une main d'enfant. représentant toutes sortes de métiers (une boulangerie, un moulin, la laitière, le perruquier, le forgeron, l e p ê c h e u r, etc.), tous accompagnées de petites pièces en vers. Intéressantes aussi pour les costumes. Ens. 12 feuilles, publ. p. Noothoven v. Goor, Sythoff, e. a. fol. br.   7.50
   1 f. légèr. endommagée par un clou.

952. **Meulen, S. v. d.,** Groote (en kleine) vissery. Amst., P. Schenk, (1720). Titre et 32 planches, gravés p. A. van der Laan. 4to-obl. br., n. r. 100.—
   Deux séries de 16 planches chacune, représentant tous les détails de la

pêche aux harengs, aux baleines, etc. avec légendes en holland., anglais et allemand.

Suites très rares et recherchées.

952a. **Miles, A. H.**, Natural history in anecdote, illustr. the nature, habits, etc. of animals, birds, f i s h e s, reptiles, etc. 2d ed. London, 1896. 8vo. toile.   1.50

953. **Nederlanden, De.** Karakterschetsen, kleederdragten, houding en voorkomen van verschillende standen. Text van N. Beets, J. Kneppelhout, J. de Heije, e. a. 's-Grav. 1841. Av. 42 pl. et 126 vign. grav. s. bois p. H. Brown. 8vo. br.   7.50
De Scheveningsche vischvrouw. — De Scheveningsche visscher. — De haringkooper. — De Markensche visscher. — De Leydsche peuëraar. — De vischvrouw van Arnemuiden. — etc.

954. **Norris, Th.**, The American angler's book embracing the natural history of sporting fish and the art of taking them. Philad. (1864). Av. portr. et 80 grav. s. bois. gr. in-8vo. toile.   7.50

955. **Nyenborch, J. v., I. V.** Nyenborchs hof-stede. Met desselfs andere bedenckinghen, gedichten en historien. Gron., I. S(ipkes?), 1659. Av. eau-forte sur le titre, représent. la maison, portraits de l'auteur et de l'empereur Ferdinand II et 18 eaux-fortes et grav. p. J. v. d. Venne, T. Matham, e. a. dans le texte. 4to. vél.   75.—
Eloge et description de la vie à la campagne. Extrêmement rare. Nijhoff, no. 205, décrit un ex., ou la p. 8 finit par le mot „En", tandis que la p. suivante commence par „Men". Dans notre ex. cependant la p. 8 finit par le mot „Men". En outre il contient une dédicace de 4 pp. qui ne se trouve dans aucun ex. connu.
Pp. 53—56: Visschen.

956. **Oehlenschläger, A.**, Morgenländische Dichtungen. Lpz. 1831. 2 tom. 1 vol. pet. in-8vo. cart.   1.—
Pp. 1—317: Die Fischertochter.

957. **Paffenrode, J. v.**, Gedichten. Vers. d. P. Vink. 7e dr. Gorinchem, P. Vink, 1676. Av. 3 pl. pet. in-8vo. vél.   18.—
Contient e. a.: Op een borst die onder aen de tafel geseten, ende siende datter maer kleyne vis voor hem, ende groote aen het boven- end wierden opgedragen, deselve met een aerdigheyd wist te eyssen.
Les planches représentent des scènes de théatre et sont intéressantes pour la connaissance des décors du temps.

958. — — Même ouvrage. 8e dr. Gor., P. Vink, 1683. Av. 3 grav. pet. in-8vo. vél.   18.—

959. **Phipson, L.**, The animal-lore of Shakespeare's time incl. quadrupeds, birds, reptiles, fish and insects. London, 1883. Av. pl. 8vo. toile.   3.50

960. **Poot, H. K.**, Groot natuur-en zedekundigh werelttooneel, of woordenboek van meer dan 1200 aeloude Egiptische, Grieksche en Romeinsche zinnebeelden of beeldenspraek.... Delft, R. Boitet, 1743—50. 3 vol. Av. plus. vign. fol. veau.   12.—
Le poisson y figure comme emblèmes de haine, ignorance, mensonge, jeûne, etc.
Ex. sur grand papier. Une reliure a légèr. souffert.

961. **Raffles, Th. S.**, The history of Java. London, 1817. 2 vol. Av. grande carte se dépliant et belles pl. en couleurs et en noir. 4to. d. veau. Ex. grand de marges.   200.—
Meilleure édition. Très recherché. Rare, surtout av. la carte.
T. I, pp. 186—188: Fisheries.

Mart. Nijhoff, à La Haye. — Cat. No. 511

962. **Recettes culinaires, Les meilleures,** pour poissons, crustacées et coquillages. Paris, 1923. Av. ill. 8vo. cart.   1.—

963. **Reclus, E.,** De mensch v. d. Australischen bodem, of de neen-neen's en de ja-ja's. N. h. Fr. bew. d. B. P. v. d. Voo. Amst. 1898. 8vo. toile.
(2.—)   1.25
Chap. III: Het zoeken van voedsel, de jacht en de visscherij.

963a. **Rodriguez Santamaria, B.,** Diccionario ilustr., descript.... y estadistico de los artes, aparejos é instrumentos que se usan para la pesca marítima en las costas del Norte y Noroeste de España. Madrid, 1911. Av. de nombr. pl. et figg. gr. in-8vo. br.   8.25

964. —— Diccionario de artes de pesca de España y sus posesiones. Madrid, 1923. Av. de nombr. pl. et ill. fol. toile.   22.—

964a. **Roelands, D.,** t' Magazin oft' pac-huys der loffelycker penn-const vol subtyle ende lustighe trecken, percken, beelden, ende figuren van menschen, van beesten, voghelen ende v i s s c h e n, enz. Vliss. 1616. fol.-obl. veau marbré, dos doré. (Rel. mod.)   80.—
Beau livre de calligraphie.

965. **Rollos, P.,** Euterpae suboles hoc est Emblemata varia, eleganti iocorum misturâ, variata distichis iucundis exornata, etc. Neues Stambuchlein. Von allerleij lustigen und kurtzweiligen Figuren. S. l. (v. 1608). Titre gravé et 59 gravures (numér. 1—58 et 55) p. P. Rollos, av. légendes en allemand ou en latin et allemand. — **Id.,** Vita Corneliana emblematibus in aes artificiosé incisa, novo varietatum genere pulcrè distincta etc. Das ist das gantze Leben Cornelij mit auszerlesenen gemelten in Kupffer gestochen.... zu stettiger gunst aller Studenten.... verfertiget. S. l. (1608). Av. titre gravé et 33 gravures, av. légendes en latin et allemand. — En 1 vol. pet. in-4to-obl. veau estamp. à froid. (Rel. mod.).
Ex grand de marges.   275.—
Deux recueils extrêmement rares. Les jolies gravures donnent des scènes de la vie des étudiants au commencement du 17e siècle et sont de toute importance pour la connaissance des moeurs et coutumes et des costumes. On y trouve e. a. des scènes de patinage, du jeu de golfe, de la chasse, des scènes libertines, un homme, p ê c h a n t à l a l i g n e, etc.
Ross, J., Reizen naar Ysland, etc. V o i r II, n o. 532.

966. **Rüdbeck fil., O.,** Ichthyologiae biblicae pars prima. De ave selav, cujus mentio fit Numer. XI : 31. Ups. 1705. Av. figg. 4to. br.   2.50

966a. **Sachse, F. J. P.,** Het eiland Seran en zijne bewoners. M. voorw. van K. Martin. Leiden, 1907. Av. 2 cartes et pl. 8vo. br. (3.85)   2.50
Pp. 132—135: Visscherij.

967. **Sack der consten, Den.** U. h. Ital. ende Frans overgheset, tot vermakinge van alle sware geesten. Met noch eenige remedien voor de menschen ende beesten. Antw., H. Verdussen, 1712. Av. grav. s. bois sur le titre. 4to. cart.   25.—
Livre populaire de médecine, de médecine vétérinaire, de règles sanitaires, remèdes, etc.
Contient e. a.: Om visschen te vanghen bij nachten. —Om visschen te vangen. — Om te maken goet aes ... om visschen te vangen.
Ca et là des taches.

968. **Sande, G. A. v. d.,** Ethnography and anthropology of New Guinea. Leiden, 1907. Av. carte, 50 pl. et 216 ill. gr. in-4to. toile.   60.—
Nova Guinea, III. Chap. IV (pp. 153—171): Hunting and fishing.

969. **Schauplatz** der Natur und der Künste in vier Sprachen, deutsch, latein.,
französ., und italien. Wien, 1774—83. Année I—X. 5 vol. Av. 480 pl. p.
E. Möszmer, Schmutzer, I. Wagner, e. a. 4to. vél. *Bel ex.*   150.—
> Les 480 pl. représentent e. a. toutes sortes de métiers, comme: le fondeur
> de caractères, l'imprimeur en taille-douce, le graveur en bois, l'ouvrier en
> soie, le cordier, le tonnelier, le parfumeur, le tanneur, le boutonnier, le gan-
> tier, l e p ê c h e u r d e s p e r l e s, l'oiseleur, etc., et ensuite: l a b a-
> l e i n e, l a p ê c h e d e l a b a l e i n e, le thé, le chocolat, la porcelaine,
> le moulin à vent, la charrue, le vaisseau de guerre, l'arbre, système du
> monde, l'anatomie, la paix, le rossignol, les jeux des enfans, les instruments
> de musique, l'escrime, l e s p o i s s o n s, la mosaique, horloges solaires, le
> cristal, la peste, l'Amérique (carte),le tabac, les Patagons, les Hottentots,
> les Esquimaux, les Bramines, etc.

970. **Scheuchzer, J. J.,** Physica sacra. Aug. Vindel. 1731—35. 4 vol. Av.
front., 2 portr. et 750 belles pl. p. J. A. Pfeffel. fol. vél. blanc cordé,
plats dor. *Bel ex.*   90.—
> Histoire naturelle d'après la bible. On y trouve-t-e. a. des représentations
> de baleines, crabes, coquilles, anguilles, soles, thons, scorpions, etc.

971. — — Geestelycke natuurkunde. (U. h. Lat. d. F. H. J. v. Halen).
Amst., P. Schenk, 1735—38. 15 tom. 6 vol. Av. 2 portr. et 750 belles pl.
en taille-douce p. J. A. Pfeffel. fol. veau écaillé.   60.—

972. **Schröder, E. E. W. Gs.,** Nias. Ethnograph., geograph. en histor. aantee-
keningen en studiën. Leiden, 1917. 2 vol. Av. 4 cartes en couleurs et 270
planches en phototypie. gr. in-4to. d. mar., tête dor.   60.—
> Ouvrage fort intéressant. Division: I. Ethnographie. (Voeding, kleeding,
> sieraden, woningen, huisraad, jacht en v i s s c h e r ij, landbouw, verkeer,
> nijverheid, staatsinrichting, godsdienst, etc.). — II. Geographie. — III.
> Historie. — Le premier vol. (comptant 866 pp.) contient le texte, le second
> vol. les phototypies superbes, qui représentent e. a. des vues topograph.,
> types d'indigènes, intérieurs, armes, ustensiles de ménage, objets d'industrie,
> etc., et les cartes av. leur explication.

973. **Senior, W.,** Travel and trout in the antipodes. An angler's sketches in
Tasmania and New-Zealand. London, 1880. 8vo. toile.   2.50

974. **Snouck Hurgronje, C.,** De Atjehers. Leiden, 1893, 95. 2 vol. Av. cartes
et pl. gr. in-8vo. cart. et Atlas de 12 pl. en photogr. 4to. d. rel.   40.—
> Epuisé et devenant de plus en plus rare.
> T. I, pp. 297—307: Zeevaart en vischvangst.

975. — — The Achehnese. Transl. by A. W. S. O'Sullivan, w. index by R.
J. Wilkinson. Leiden, 1906. 2 vol. Av. pl. et ill. gr. in-8vo. toile.   19.25

976. **Snouck Hurgronje, C.,** Het Gajōland en zijne bewoners. Bat. 1903. Av.
grande carte et pl. gr. in-8vo. cart.   7.50
> Pp. 142—149: Het gebied der Laut Tawar (o. a. over vischvangst).

Soeteboom, H., Oudheden v. Zaanland, etc. V o i r V, n o s. 839—840.

977. **Soyer, A.,** De bekwame huisvrouw of nieuw kookboek. Gouda, 1854.
8vo. toile.   2.50
> Pp. 13—15: Visch. — Pp. 113—119: Visch voor zieken. — Pp. 289—349:
> Visch. — Pp. 350—372: Visch-sausen. — Pp. 736—757: Schelpvisschen,
> kreeften, etc.

978. **Sprenger v. Eyk, J. P.,** Vaderlandsche spreekwoorden, bijz. uit het die-
renrijk ontleend. Rott. 1838. 8vo. br.   1.50
> Garnaal, paling, snoek, visch, etc.

979. **Stevens, K.,** ende **J. Liebaut, De** veltbouw ofte lantwinninghe, inhoud.
.... cruudthoven ende fruythoven te maecken, ... byen te houden, te
distilleren,.... v i s s c h e n t e v a n g e n .... wijngaerden te oef-

fenen, medicin wijnen te bereyden, parck voor wilde beesten te maken,
midtsg. de wolve iacht. Verm. d. M. Sebizius Silesius. Amst., C. Claesz,
1588. Av. grav. s. bois sur le titre et dans le texte. fol. veau.   50.—
Première édition de cet ouvrage qui est une édition augmentée de l'ou-
vrage: De landtwinninghe ende hoeve, 1582, des mêmes auteurs. Voyez
Moes en Burger, Amsterdamsche boekdrukkers. II, no. 314.
Le titre anciennement colorié. Qq. légers raccommod. dans les marges des
derniers ff. La reliure légèr. endommagée.

980. **Taylor, I.**, Merkwaardigheden uit alle bekende landen van Amerika.
Bew. d. J. Olivier Jz. 3e verb. dr. Zaandam, (1852). Av. carte et 84 ill.
pet. in-8vo. cart. orig. *Ex. très frais.*   5.—
De Indiaansche anchovisvangst. — De vischvangst. — Het inzouten van
de kabeljauw. — etc.

981. **Tessmann, G.**, Die Pangwe. Völkerkündl. Monographie eines west-
afrikan. Negerstammes. Ergebnisse der Lübecker Pangwe-Expedition,
1907—09 und 1904—07. Berlin, 1913. 2 vol. Av. 2 cartes, 28 pl. en cou-
leurs et en noir, 364 ill. et musique. gr. in-8vo. toile. *Epuisé.*   15.—
Contient e. a.: Ackerbau; Fischerei; Jagd. — etc.

982. **(Turgot, E. F.**), Mémoire instructif sur la maniere de rassembler, de pre-
parer, de conserver, et d'envoyer les diverses curiosités d'histoire natu-
relle. (Av.) Avis pour le transport par mer, des arbres, plantes vivaces
etc. Paris, et se vend à Lyon, 1758. Av. 25 pl. de volaille, p o i s s o n s,
insectes, univalves, p ê c h e a u g a n g u i, et a u r â t e a u, épon-
ges, instruments pour pêcher le corail, etc. 8vo. veau, dos dor.   5.—

983. **Tijdschrift, Nederlandsch,** voor jagtkunde (depuis année III: Nederl.
tijdschrift voor liefhebbers van jagt en v i s s c h e r ij). Onder hoofd-
red. van H. Schlegel, A. H. Verster v. Wulverhorst en F. A. Verster.
Arnhem, 1852—60. T. I—VII, VIII, 1 (pp. 1—48). Av. qq. pl. 8vo. En
7 vol. cart. orig. illustré et 1 livr., couv. orig.   60.—
Tout ce qui a paru. Rarement complet.
Ex. ayant appartenu à un des rédacteurs, F. A. Verster. Ex. exception-
nel, qui contient, *en épreuve*, les pp. 49—64 de la 1re livr. du t. VIII, a v.
de nombr. corrections de la main de M. Verster. Ces pp. n'ont jamais paru.

984. **Veth, P. J.**, Java, geographisch, ethnologisch, historisch. 2e dr. bew. d.
J. F. Snelleman en J. F. Niermeyer. Haarlem, 1896—1907. 4 vol. Av.
portrait et cartes. gr. in-8vo. 2 vol. d. veau, 2 br.   35.—
T. III, pp. 251—263: Visschen. — T. IV, pp. 556—565: Visscherij.

985. **Viard, A.**, Le cuisinier royal, ou l'art de faire la cuisine et la pâtisserie
pour toutes les fortunes. 16e éd. Paris, 1838. 8vo. br.   2.—
Pp. 358—416: Poissons.

986. **Vondel,** De helden godes des ouwen verbonds. Amst. 1727. — Toonneel
des menschel. levens of de vernieuwde gulden winkel. Amst. 1718. —
Vorstelijcke warande der dieren. Amst. (v. 1725). — Ens 3 tom. 1 vol.
Av. de nombr. ill. 4to. vél.   15.—
T. II, p. 124: Arion word van den dolphyn verlost. — P. 128: Remora het
visken by de tonge in 't vuur. — T. III, p. 22: D'oude ende jonge kreeft. —
P. 68: Huys-ratte en oester.

987. —— Werken. Amst. 1617—1768. 4 pièces. Av. de nombr. grav. En 1
vol. 4to. veau. *Bel ex.*   25.—
De vernieuwde gulden winckel. M. h. tweede deel.— Vorsteliicke warande
der dieren.... Abrahams offerhande. U. h. Fr. van De Bartas. — Naerder
onderrechting vereyscht op het onderwijs der dry-eenigheydt.
Unger, Bibl., nos. 72, 84, 85, 873.

Mart. Nijhoff, à La Haye. — Cat. No. 511

988. **Voorsnydinge, De cierlycke,** aller tafel-gerechten; onderwijs. hoe aller-
hande spijzen, zo wel op de vork als zonder dezelve, aardiglik konnen
voorgesneden, en in bequame ordre omgedient worden. Amst. 1664. Av.
front. et 32 pl. 8vo-obl. cart. 25.—
   Baars en braassem. — Karper. — Kreeft. — Snoek. — etc.
   Edition originale.
989. **Vries, M. de,** De visscherijen geheeten het Vroon, 1433 aan Leiden in
erfpacht gegeven. Taalkundig onderzoek. Leiden, 1858. 8vo. br. 0.60
990. **Vries, S. de,** Wonderen en wonder-gevallen soo op als ontrent de zeeën,
rivieren, meiren, poelen en fonteynen. Amst., J. ten Hoorn, 1687. 4to.
vél. (Reliure peu fraîche). 25.—
   Ouvrage curieux et très rare, traitant toutes sortes de particularités sur la
   mer, les rivières, etc., comme les sirènes, l a p ê c h e d e b a l e i n e,
   chevaux marins, tous les plantes et animaux marins, etc.
991. **Walton** and **Cotton,** The complete angler. W. introd. essay and notes. 2d
ed. London, Major, 1824. Av. portrait, 14 pl. et 76 grav. s. bois. pet. in-
8vo. cart. orig., n. r. 25.—
   2e édition de la jolie publication de Major. Ex. absolument non rogné.
   Le dos enlevé, mais ajouté.
992. **Willson, B.,** Nova Scotia. The province that has been passed by B. Will-
son. London, 1912. Av. 39 pl., dont 1 se rapport. à la pêche. toile. 2.50
   Pp. 255—256: Fishing.
993. **Wilson, J.,** The rod and the gun. Two treatises on angling and shooting.
Edinburgh, 1841. Av. pl. et ill. 8vo. toile. 3.50
994. **Winschooten, W. à,** Seeman: behels. een grondige uitlegging van de
Neederl. konst. en spreekwoorden, voor soo veel die uit de seevaart sijn
ontleend. Leiden, J. de Vivie, 1681. Av. titre gravé. 8vo. vél. 15.—
   Explication des termes nautiques hollandaises, qu'on rencontre dans les
   anciens voyages hollandais.
   Baars. — Kreeft. — Krab. — Walvisch. — Harpoen. — Hoek. — etc.
995. **Zierikhoven, C.,** Volkomen Nederl. kookkundig woordenboek, voorge-
steld in de Vriesche keukenmeid en verstandige huishoudster. Leeuw.
1828. 8vo. cart. 5.—
   Aal. — Ansjovis. — Barbeel. — Haring. — Karper. — Kreeft. — Lab-
   berdaan. — Schelvisch. — Schol. — Stokvisch. — etc.

---

996. **Arthrostaca.** — 55 **Ecrits** p. H. Richardson, A. S. Pearse, A. L. Weckel
e. a. Wash. 1903—20. Av. pl. et ill. 8vo. br. 12.—
   T. à p. de Smithson. Instit. et U. S. Nat. Museum.
997. **Dean, B.,** A bibliography of fishes. Enlarg. and ed. by C. R. Eastman.
N. York, 1916—25. 3 vol. gr. in-8vo. br. 45.—
998. **Jordan, D. Starr,** Fishes. London, 1925. Av. 691 pl. en couleurs et en
noir. 8vo. toile. 18.—
999. **Macfarlane, J. M.,** Fishes the source of petroleum. N. York, 1923. Av. ill.
gr. in-8vo. toile. 15.—
   „The sudden death, decay, etc. of myriad millions of fishes, has resulted in
   the accumulation of fishoil.... by subsequent heat action this oil split up
   into petroleum oil."
1000. **Maury, Ch. J.,** A contribution to the paleontology of Trinidad. Philad.
1912. Av. 9 pl. représent. des coquilles p. G. Dennison Harris. gr. in-4to.
br. 7.50
   T. à p. de Journ. of the Ac. of Nat. Science, Philad., 2d ser., vol. XV.

ARCHIVES NÉERLANDAISES

de physiologie de l'homme et des animaux, publ. par la Société holland.
des sciences à Harlem. 1923. Vol. VIII. 8vo. sewed.

Each vol. 15.—

P. BLEEKER

ATLAS ICHTHYOLOGIQUE DES INDES ORIENTALES NÉERLANDAISES

1862—78. W. 420 coloured plates. fol. bound.

500.—

GENETICA

Nederl. tijdschrift voor erfelijkheids- en afstammingsleer. Red. J. P. Lotsy.
1919—24. Year I—VI. 6 vols. W. coloured pl. and figg. royal 8vo. cloth.

150.—

BIBLIOGRAPHIA GENETICA

Onder red. van J. P. Lotsy en H. N. Kooiman. 1925. Vol. I. royal 8vo. cloth.

25.—

This publication, which will be complete in 10 vols, will give a complete re-
view of the genetic literature, 1900—1923 inclusive. It will consist of numerous
monographs, written by the most competent scholars of the world, either in Eng-
lish, French or German.

RESUMPTIO GENETICA

Onder red. van J. P. Lotsy en H. N. Kooiman. 1924. Vol. I. royal 8vo. sewed.

24.—

Is to be considered as a continuation of „Bibliographia genetica", containing re-
ferata of all forthcoming literature on genetics and also complete lists of the genetic
literature of the world, published since 1923.
Vol. I, part 1 is out.

TIJDSCHRIFT VOOR ENTOMOLOGIE

Uitgeg. door de Nederl. Entomolog. Vereeniging. Onder red. van J. Th.
Oudemans, Jc. H. de Meyere en A. C. Oudemans. 1924. Vol. LXVII. W. 2
pl. royal 8vo. sewed.

Each vol. 12.—

NATURAL HISTORY, SCIENCES, MEDECINE

Beyerinck, M. W., Verzamelde geschriften, ter gelegenheid van zijn 70sten verjaardag. Uitgeg. door zijn vrienden etc. 1921—22. 5 vols. W. pl. and ill. royal 8vo. cloth.   40.—

Capita Zoologica, Verhandelingen op systematisch-zoölogisch gebied onder red. van E. D. v. Oort. 1921—23. Vols. I, II, 1—3.W. 40 pl.and 68 figg.large 4to.Vol.I cloth, remainder in parts. 70.—

Everts, E. J. G., Coleoptera Neerlandica. 1898—1922. 3 vols. and suppl. W. pl. and ill. Bound in 3 vols. royal 8vo. cloth. 60.—

Flora Batava. Afbeelding en beschrijving der Nederl. gewassen. Onder red. van L. Vuyck. 1921—24. Vol. XXVI. 80 coloured plates. W. descriptive text (Dutch and French). 4to. In parts.

Vols I—XXV have been published since 1800.   100.—

—— **Vuyck, L., en H. C. van Pavord Smits, Naamlijst der Nederlandsche gewassen,** afgebeeld en beschreven in dl. I—XXV der Flora Batava. 1920. sm. 8vo. sewed.   5.—

Flu, P. C., Leerboek der parasitaire ziekten en der hygiëne. 1919— 21. 3 vols. W. pl. and 362 ill. royal 8vo. sewed.   60.—
I. Plantaardige parasieten. — II. Parasieten van dierlijken en anderen aard. — III. Hygiene.

Gerth van Wijk, H. L., A dictionary of plantnames. 1911—16. 2 vols. 4to. cloth.   55.—

Hagedoorn, A. L., and A. C., The relative value of the progresses causing evolution. 1921. W. 20 figg. royal 8vo. cloth.   9.—

Huygens, Chr., Oeuvres complètes: Correspondance, 1638—95. Travaux mathématiques; dioptrique, etc. 1645—92. Calcul des probabilités, etc. 1655—66. 1888—1920. Vols. I—XIV. 15 vols. W. portr., facs. and figg. 4to. sewed.   195.—

Icones fungorum Malayensium. Abbildungen und Beschreibungen der malayischen Pilze. Hrsg. von C. van Overeem u. J. Weese. 1923, 24. Parts 1—12. W. 12 coloured pl. and figg. 4to. In parts.
Subscription per 12 parts at 1.50 each part.
12 parts will appear each year.

Juel, H. O., Plantae Thunbergianae. Verzeichnis der von C. P. Thunberg in Süd-Afrika, Indien und Japan gesamm. und der in seinen Schriften beschrieb. Pflanzen, sowie von den Exempl. derselben, die im Herbarium Thunberg. in Uppsala aufbewahrt sind. 1918. W. portrait. royal 8vo. sewed.   10.50
Werken Univers.-biblioth. Uppsala, 21.

Laboratorium, Het Natuurkundig, der Rijksuniversiteit te Leiden, 1904—22. Gedenkboek aangeb. aan H. Kamerlingh Onnes, directeur v. h. laboratorium bij gelegenheid van zijn 40-jarig professoraat. Leiden, 1922. W. portrait, pl. and figg. royal 8vo. sewed.   10.—